小煤柱双巷掘进围岩稳定与关键控制技术研究

陈　虎　侯端明　白林国　朱　敬
张文德　李福振　李召朋　王占胜　著

中国矿业大学出版社
· 徐州 ·

内 容 提 要

本著作以石拉乌素煤矿 2-2$_{上}$ 煤层的 1210 工作面为工程背景，通过理论研究、试验观察、数值模拟以及现场工业性试验等方法，探讨了在双巷掘进大断面巷道期间小煤柱遭受强扰动的规律、煤柱及巷道围岩的破坏过程和应力分布变化，以及不同切顶位置和角度对巷道围岩稳定性的影响。

本书可供采矿工程及相关专业的科研与工程技术人员参考。

图书在版编目(CIP)数据

小煤柱双巷掘进围岩稳定与关键控制技术研究 / 陈虎等著. — 徐州 ：中国矿业大学出版社，2024. 11.

ISBN 978 - 7 - 5646 - 6572 - 2

Ⅰ. TD263.5

中国国家版本馆 CIP 数据核字第 202474L72R 号

书　　名	小煤柱双巷掘进围岩稳定与关键控制技术研究
著　　者	陈　虎　侯端明　白林国　朱　敬 张文德　李福振　李召朋　王占胜
责任编辑	王美柱　耿东锋
出版发行	中国矿业大学出版社有限责任公司 (江苏省徐州市解放南路　邮编 221008)
营销热线	(0516)83885370　83884103
出版服务	(0516)83995789　83884920
网　　址	http://www.cumtp.com　**E-mail**：cumtpvip@cumtp.com
印　　刷	苏州市古得堡数码印刷有限公司
开　　本	787 mm×1092 mm　1/16　**印张** 5.5　**字数** 108 千字
版次印次	2024 年 11 月第 1 版　2024 年 11 月第 1 次印刷
定　　价	35.00 元

前　言

矿井生产过程中，回采巷道的掘进及工作面的推进都会引起开采空间周围煤体及岩层的应力扰动，在巷道及工作面附近产生应力集中，这种由掘进及回采产生的应力均被称为采动应力或二次应力。回采巷道及工作面之间的接替关系及布置形式会影响采动应力的大小及出现位置，采动应力作用引起的上覆岩层的失稳及顶板垮落，是煤矿生产活动区别于其他工程最突出的特点。

回采巷道单巷布置的情况下，在相邻采煤工作面回采完毕、采空区上覆岩层稳定之后，开始掘进下一个工作面的回采巷道，这一过程会增加采掘接替紧张的问题；双巷布置方式虽然能够解决顺序单巷开采的采掘接替紧张的问题，但是这种布置方式的最大难题是不仅要考虑区段煤柱在本工作面回采过程中的承载破坏问题，而且还要考虑下一个工作面回采过程中煤柱承载特性及巷道支护问题，保留下来的巷道既要受到本工作面回采时采空区上方岩层垮落产生的侧向支承压力和超前支承压力的影响，同时还要受到下一个工作面回采过程中的支承压力的影响。因此，在多次采掘扰动下，煤柱的承载特性及围岩变形破坏规律是亟须研究掌握的关键问题。

鉴于此，笔者以石拉乌素煤矿$2\text{-}2_{上}$煤层的1210工作面为工程背景，探讨在双巷掘进大断面巷道期间小煤柱遭受强扰动的规律、煤柱及巷道围岩的破坏过程和应力分布变化，以及不同切顶位置和角度对巷道围岩稳定性的具体影响。通过理论研究、试验观察、数值模拟以及现场工业性试验等方法，明确了在小煤柱双巷掘进回采场景中围岩破坏的特征表现和失稳的内在机理，制定了有针对性的支护方案。

全书分为6章。第1章回顾了国内外有关双巷布置留设小煤柱护巷的研究现状，指出了当前研究存在的主要问题。第2章通过现场调研与样品取样，了解小煤柱双巷布置的承载与围岩变形规律、合理的留设小煤柱宽度，获取$2\text{-}2_{上}$煤层及其顶底板岩石力学性质，为巷道围岩稳定、小煤柱稳定、切顶卸压研究以及支护方案提出提供数据支撑。第3章基于煤柱宽度理论计算，得出小煤柱理想宽度为3.85～10.43 m，结合现场同一采区留设煤柱实际情况，采用$FLAC^{3D}$分别模拟4 m、5 m、6 m、7 m四种小煤柱宽度，完成巷道掘进以及一次回采，分析各个宽度煤柱及巷道围岩应力和应变，得出合理的小煤柱宽度为5 m。在二次回采期间，随顶板周期性垮落，支承压力峰值周期变化，得出1210工作面超前支承压力影响范围约为30 m。第4章通过理论分析常规开采与切顶后开采不同作业条件下顶板上方岩层的变化规律，得出切顶能使顶板沿切线断裂，从而有效降低围岩应力、控制围岩变形的结论。基于数值计算提出切顶角度为13°、15°、17°以及0°四种方案。分析四种方案的模拟结果，得出方案Ⅲ（切顶角度为15°）在巷道围岩变形及煤柱体内应力应变调控方面效果最佳。第5章通过不同理论分析计算对比，确定合理的支护参数。分别分析对比未切顶无支护、未切顶有支护、切顶无支护、切顶有支护四种不同作业条件下，煤柱两侧壁变形以及1210工作面辅运巷顶底板位移，得出在有切顶有支护的作业条件下控制变形效果最好，其中顶板下沉量降低28.8%，1210工作面辅运巷左帮变形量降低79.95%。第6章将支护方案在石拉乌素煤矿现场进行试验，采用十字布点法监测随着工作面的推进1210工作面辅运巷两帮及顶底板移近量，进一步论证支护方案的可行性。

本书是对小煤柱双巷掘进围岩稳定控制技术的总结。在撰写过程中，得到了李桂臣老师和孙元田老师的耐心指导和大力支持，在此表示衷心感谢。博士研究生许嘉徽、李菁华、杨森、郝浩然、邵泽宇等参与了部分材料的整理工作，硕士研究生赵海森、韩孟卓、沃小芳、王尚、刘嘉维、陈聪等参与了部分文字的校验工作，在此一并表示感谢。

由于笔者水平所限，书中难免存在一些不足之处，恳请专家学者批评指正。

著　者

2024年8月

目 录

1 绪论 …… 1
1.1 引言 …… 1
1.2 国内外研究现状 …… 1
1.3 研究内容和方法 …… 8
2 工程背景及力学参数测定 …… 10
2.1 工程地质概况 …… 10
2.2 双巷及煤柱现场情况 …… 13
2.3 煤岩体试样参数测定 …… 14
3 强扰动作用下双巷布置小煤柱围岩稳定性分析 …… 18
3.1 小煤柱合理宽度理论计算 …… 18
3.2 不同煤柱宽度模拟研究 …… 20
3.3 多次扰动巷道围岩变化特征 …… 32
4 小煤柱双巷掘进卸压技术研究 …… 35
4.1 切顶卸压结构理论分析 …… 35
4.2 切顶参数 …… 38
4.3 模拟结果及分析 …… 42
5 小煤柱双巷掘进支护技术研究 …… 55
5.1 巷道支护参数计算 …… 55
5.2 支护效果模拟验证 …… 61
6 现场工业性试验 …… 69
6.1 巷道支护方案 …… 69
6.2 切顶方案实施 …… 72
6.3 现场控制效果 …… 73
参考文献 …… 76

1 绪　论

1.1 引　言

在矿井开采过程中，随着回采巷道的掘进和工作面的推进，周边煤体和岩层会经历应力变化，从而导致应力在巷道和工作面附近集中。这种应力集中的程度及其分布受到回采巷道与工作面布置方式和相互关系的影响。特别地，采动应力的作用可能导致上覆岩层失稳和顶板坍塌，这是煤矿生产与其他工程项目不同的显著特征。

在回采巷道单巷布置情况下，当一个工作面完成开采且其上方岩层稳定后，开启下一工作面的回采巷道掘进会加剧采掘接替的紧迫性。为了提升生产效率，根据地质和开采条件，采用双巷布置是一个可行的方法。然而，双巷布置虽然能缓解单巷开采时的采掘接替压力，但此方法需考虑多重因素，包括当前工作面回采时区段煤柱的承载能力和破坏问题，以及下一工作面回采中煤柱承载特性与巷道支护难度。保留的巷道面临来自上方岩层坍塌的侧向和超前支承压力，以及下一工作面回采的支承压力。因此，在连续采掘扰动影响下，煤柱承载特性和围岩变形破坏规律成为亟须研究掌握的关键问题。

目前为止，石拉乌素煤矿 $2\text{-}2_{上}$ 煤层采动期间强扰动作用影响下巷道围岩变形破坏失稳机制尚不明确。以 1210 工作面为研究对象，以明确小煤柱双巷掘进围岩强扰动规律、多次回采下煤柱及巷道围岩的破坏特征及应力演化机制和不同切顶位置与角度等因素对围岩稳定性的影响为研究目标，通过相关的理论分析、室内试验、数值模拟，结合现场工程实践，分析小煤柱双巷掘进回采巷道围岩破坏特征及失稳机理，提出针对性控制原则，形成非对称锚杆（索）支护与切顶卸压的综合控制技术体系。

1.2 国内外研究现状

1.2.1 双巷布置强采动扰动下覆岩结构稳定性研究现状

在双巷布置的采煤工作面中，一旦回采巷道的掘进作业完成，巷道会受到开采顺序和时间间隔的影响，从而导致采动作用的出现。这种现象导致的巷道围岩应力分布特性以及变形趋势，与传统单巷布置方式相比，存在显著差异[1-2]。

在采矿作业中，尤其是双巷布局下，工作面的前方受到两种力的作用：一是相邻采空区顶板岩层失稳后的侧向支承压力；二是超前支承压力。随着作业的持续，工作面后方的顶板会发生崩塌，初始顶板岩层按“O-X”模式断裂。断裂后，形成的“砌体梁”结构沿工作面延伸，保持稳定，形成独特的“弧形三角板结构”。工作面推进时，这些结构及其动态变化，不仅对围岩稳定性构成影响，也关乎煤柱裂缝的扩展[3-6]。

侯朝炯、李学华[7-8]围绕沿空掘巷围岩稳定性，提出“大、小结构”理论；分析了掘巷与回采期间顶板关键块的力学行为及其对围岩稳定的影响，强调通过提升锚杆预紧力和支护强度确保围岩稳定性的重要性。

Gao 等[9-10]对煤矿井下巷道常见的挤压破坏机制进行了研究，该机制主要是采矿引起的应力远超岩体强度所导致的；采用新颖的 UDEC-Trigon 数值模拟方法，研究了巷道挤压的机理。

李国栋等[11]以新元煤矿 3414 工作面为工程背景建立 UDEC-Trigon 模型，模拟分析不同支护条件下的断裂特征，认为围岩稳定性主要取决于剪切裂隙和顶板张拉裂隙影响；还强调了通过外侧断裂控制，提升充填体与煤帮承载稳定性的策略。

钱鸣高等[12-13]在大量工程实践与理论研究的基础上，提出了“砌体梁”理论与“关键层”理论，为我国井下采煤过程中的围岩控制等奠定了重要的理论依据。

华心祝、宋艳芳等[14-17]利用 FLAC^{3D}软件模拟分析孤岛工作面应力分布规律，为制定防冲击地压、防突水等的安全措施提供了重要数据支撑，对现场生产具有重要指导价值。

杨光宇等[18]针对深埋不规则孤岛工作面下的厚表土层覆盖问题开展研究，发现其覆岩空间结构复杂，顶板运动剧烈。采取钻孔卸压和爆破卸压措施可有效防止冲击地压，提高回采安全性。

何文瑞等[19]考虑马道头矿特厚煤层综采实况，构建周期性破断的高低位直角关键块稳定性模型，对保障特厚煤层开采安全至关重要。

查文华等[20]通过构建围岩结构力学模型，探讨了顶板断裂位置、关键块体转角与煤柱承载力间的关系；指出避免在断裂线下方掘进的重要性，并强调适宜煤柱宽度与巷道支护加强的必要性。

王红胜等[21]深入探讨了基本顶断裂结构对窄煤柱稳定性的影响，建立模型分析围岩力学问题，发现断裂线位置影响巷道应力分布及煤柱应力应变。

张守宝等[22]针对辅助运输巷道围岩变形和难以二次利用的问题，构建了煤柱的力学模型，对不同阶段的煤柱进行了分析，提出了一种适用于深部高应力环境的巷道支护新方案，可有效控制巷道围岩的变形。

孙元田等[23]基于人工智能算法支持向量机(SVM)，采用天牛须算法(BAS)高效获取 SVM 的核函数参数 σ 和罚参数 C，明确围岩的流变模型和弹塑性力学参数，该方法为研究煤体巷道流变机理奠定了参数基础。

宫延明[24]针对沿空留巷技术，尤其是在软岩顶板中采用双巷技术开展研究，虽然在矿井生产中不常见，但在实际操作中成功解决了采煤工作面的通风和瓦斯排放问题。

李桂臣等[25]梳理了巷道围岩控制面临的主要复杂条件，阐明了复杂条件下巷道围岩的变形破坏特征，明确了围岩的三种失稳形式，揭示了不同地质环境与采掘时空关系下回采巷道的失稳机制。

杨凯等[26]通过现场钻孔成像识别两巷围岩的变形破坏特征，并运用数值模拟方法分析双巷布置下围岩的应力和变形破坏分区；提出了一种基于锚索和底角锚杆的巷道差异化控制技术，并在现场试验以验证技术和设计参数的有效性。

Liu 等[27]利用 UDEC-Trigon 模型研究双巷道系统，结果表明，标准支护下煤柱初损 20%，首采增至 55%，复采达 90%，引入锚杆和锚索后，首采和开挖期煤柱损伤稳定，复采降至 63%，提高了煤柱结构稳定性。

1.2.2 双巷布置煤柱稳定性研究现状

双巷布置在煤矿开采过程中作为一种常见的巷道布置方式，其中，明晰煤柱自身稳定性与周边围岩的承载特性的机理十分重要。苏振国等[28]、别小飞等[29]、毕慧杰等[30]通过理论分析围岩力学环境，优化了预裂爆破、装药和支护参数，明确了预断裂位置和爆破参数，从而有效控制了巷道变形，减少了小煤柱区域的冲击地压风险。

王志强等[31]、王德超等[32]、彭林军等[33]提出了一种有关侧向支承压力的新型监测方法，结合现场实际并通过 $FLAC^{3D}$ 模拟确定合理煤柱宽度，确保巷道稳定满足生产需求。

李民族等[34]提出通过优化钻孔布设与爆破参数，探讨组合深浅孔聚能爆破的原理，提出了组合能量场的理论以及导向孔的力学作用机制。

黄万朋等[35]创新提出了同时掘进双巷道且留窄小煤柱的方法，以及煤柱的高强复合加固技术；并通过理论分件、试验与数值模拟相结合的方式，对这种煤柱留设与加固技术进行了全面研究。

杨健等[36]针对寺河矿连采工艺双巷快速掘进技术，提出了针对掘进工艺及施工组织的改进与优化策略，为相似条件下的连采工艺提供了实用的参考。

呼青军等[37]针对现代煤矿巷道双巷掘进的流程，确立基本研究模式；通过技术参数优化分析，实现对采煤机械的优化，以满足循环进尺的要求。

马进功等[38]提出了一种煤柱回收工艺。即在双巷掘进系统中，利用锚杆钻车支护时间，采煤机退至联络巷对煤柱进行前向截割，形成长硐室并支护；硐室形成后，用钢模板封口并充填，实现煤柱安全置换与回收，保障工作面稳定性，仅增加少量成本。

白铭波[39]针对长距离掘进技术难题，采用双巷掘进工艺，两条顺槽共用一套辅助运输和运煤系统，搭配两套掘进设备，简化了系统，提升了巷道掘进效率和工效，确保了安全生产。

池俊峰[40]深入分析了连采机双巷快掘的条件，阐述了其在施工中实现高效割装煤的过程。结果显示，此法能有效满足高效集约化需求，缓解采掘压力。

曹军等[41]运用 UDEC 4.0 软件模拟研究了乌兰木伦煤矿运输巷顶板活动规律，建议调整控顶距和进尺以提高安全性，实践验证了连续采煤机在煤巷掘进中的有效性，结果显示采用此技术单次掘进长度可超 2 000 m。

屈晋锐[42]利用 UDEC-Trigon 模型研究了双巷掘进和回采期间煤柱内应力、裂缝发展及围岩变形，确定了双巷工作面理想的煤柱宽度，并优化了 W1310 工作面回风巷的锚杆(索)支护方案。

赵宝福[43]针对浅埋煤层及其顶板岩层结构，结合冯家塔煤矿实际，通过理论分析、模拟及现场测试方法考察开采后煤柱顶板岩层结构，并探究了维护巷道稳定所需的煤柱合适宽度。

郭子程[44]针对小煤柱资源回收率与巷道稳定性等问题，以高河煤矿 3 号煤层为背景，利用 $FLAC^{3D}$ 数值模拟结合现场试验，研究了 E2311 工作面小煤柱的适宜宽度。结果显示，小煤柱宽度在 5～7 m 范围内效果最好，现场试验确认，6 m 宽的小煤柱能有效控制顶底板变形。

冯丽等[45]针对小煤柱沿空掘巷易引发围岩变形和局部鼓出问题，通过理论分析、数值模拟和工程类比，确定了巷道基本顶破断模式，并分析了不同宽度煤柱的应力与位移变化，初步设定煤柱宽度为 8 m。参考邻矿实例并采用工程类比法最终确定了煤柱宽度，并设计了相应的巷道支护方案，现场实施效果表明该方案有效。

高升[46]对综放区段异层双巷下位邻空碎裂煤巷围岩破坏机理进行了深入研究，研究成果丰富了围岩控制理论和技术。

Huang 等[47]以高家坡煤矿为例，建立了双巷道小煤柱开采模型，分析其力学机理，得出载荷与强度计算方法。通过合理的支护参数和煤柱宽度设计，可实现小煤柱的有效加固，为小煤柱稳定性控制提供了重要指导。

Yang 等[48]以葫芦素煤矿 21201 工作面回风巷为例，研究了巷道变形后围岩卸压作用和新巷道开挖的可行性；分析了巨大松动变形引发的内部空间收缩和围岩应力释放，以及等行距双支承环支护技术对新巷道围岩变形的控制效果。

Xie 等[49]以某煤矿为背景，通过理论和数值模拟分析了阶梯煤柱载荷、底板滑移线场及顶板破碎应力分布，验证了注浆锚索加固技术的有效性。试验监测与现场应用表明，该技术可显著提升巷道稳定性，优化支护效果。

Jia 等[50]利用理论分析、数值模拟与实地试验，探究了矿井全自动掘进面的应力状态、变形及破裂模式，发现采矿作业导致的围岩应力不均匀是巷道底板不对称变形及底板塑性区不均匀分布的关键原因。

Sun 等[51]以东滩煤矿 6305 工作面为背景，从理论上分析预裂切削角的范围，通过数值模拟获得了围岩沿岩层的应力变化、最佳破碎位置以及主顶板的形态，进行了现场试验，结果表明巷道总变形得到了控制。

Fu 等[52]通过理论分析、数值模拟及工业性试验探讨了上覆煤层剩余煤柱与下部工作面开采双重影响下的煤柱及巷道失稳机制，并揭示了围岩稳定性控制原理。

Li 等[53]基于 1-2 煤和 2-2 煤的特殊空间位置，采用 $FLAC^{3D}$ 建模方法分析了 1-2 煤和 2-2 煤特定空间位置对 22206 工作面回风巷的影响。研究结果显示，开采后煤柱下巷道应力增加，提出的支护方案可有效确保巷道稳定。

Ma 等[54]基于四河煤矿 W2302 工作面工程实践，结合理论分析和 Math-CAD 软件，优化煤柱尺寸至 45 m，调整巷道布局以提升煤炭回采率和安全生产效率，为类似项目提供了科学参考。

Liu 等[55]提出了一种创新双巷无煤柱设计，通过掘进两个小断面巷道建立宽断面并构筑隔离墙，左侧煤壁推移 1.5 m 后，使用锚杆、梁等支护，确保 2.5 m 宽瓦斯巷道安全。现场监测验证了围岩稳定和支护有效性，为瓦斯管理提供了新策略。

Wang 等[56]研究概述了四项创新采矿技术，并在柠条塔煤矿应用，实现了无预先掘进、无煤柱，保持巷道稳定等目标。监测显示，顶板最大累计变形量仅 149 mm。

综上所述，国内外学者立足于不同角度，联系现场实际情况，对强采动扰动下覆岩顶板稳定结构及活动规律进行了大量的研究，为后续研究提供了许多借鉴。在此基础上，部分学者分析了双巷布置顶板覆岩变化规律，为沿空留设小煤柱合理尺寸确定提供了理论支撑。

1.2.3 双巷布置切顶卸压技术研究现状

如何确保留存巷道围岩的稳定以及采用什么技术手段释放转移顶板压力值得广大学者研究探讨，其中何满潮[57]采用预裂切顶技术在沿空留巷中改变顶板应力路径，有效减少围岩应力集中。无煤柱开采可明显降低巷道应力，推进开采技术创新。黄炳香[58]通过三轴水力致裂模拟及理论研究，探讨了大尺寸煤岩体水力致裂的裂缝扩展规律，包括裂缝前沿形态和孔底水压与主应力之间的关系，最终确定了裂缝扩张所需的水压力参数。

陈勇等[59]结合 LS-DYNA 数值模拟和理论分析，研究探讨了浅孔爆破技术中导向孔的作用及参数选择对爆破结果的影响。结果显示，导向孔提高了裂纹贯通和炸药效率，装药孔不耦合系数为 1.31 时效果最佳。远离导向孔处影响较小，基于岩石抗拉强度，推荐装药孔间距为 1.2 m。

申斌学等[60]提出一种新型的柔性模板墙支护技术，结合双向聚能预裂爆破降低沿空留巷顶板应力。随工作面推进，采用混凝土柔模墙在一定距离后支护，增强顶板承载力。现场试验表明，双向聚能预裂爆破有效，围岩变形控制在安全范围内，确保了留巷结构稳定性。

朱珍[61]深入探讨了切顶成巷技术下的开采应力演化和围岩稳定性，提出了一种新的演化模型，形成了一种结合侧向动静力和纵向伸缩让压的碎石帮部稳定控制新体系。

王琼等[62]分析了传统支护方式的局限性。通过对比研究，提出了一种高强锚固注浆配合顶板预裂技术的新型巷道支护方法。该方法通过优化支护结构和切断应力传递路径，显著提高了巷道稳定性，为深部高应力条件下的巷道围岩控制提供了新的思路。

王高伟[63]针对小保当矿回风顺槽的显著变形问题，分析了煤岩条件和破坏机理；采用切顶卸压、强帮护顶技术，配合水压致裂和巷道强化支护策略。工业性试验结果表明，该技术显著减少了巷道围岩变形，确保了工作面安全高效生产。

马资敏[64]提出了顶板切缝与组合爆破技术，以减少超前应力集中；根据顶板活动与巷旁承载情况，采取阶段性围岩支护，有效控制变形，实现了良好的现场应用效果。

Cui 等[65]基于岩石力学与材料力学，构建了重复开采条件下的断裂梁力学模型。经物理模拟和 3DEC 数值模拟验证了模型公式的可靠性，为岩层破裂理论提供了实证支持。

陈宪伟等[66]针对采空区边缘实施切顶卸压的问题，通过数值模拟比较不同切顶高度对煤柱及巷道围岩卸压效果的影响，得出切顶能够有效降低巷道围岩应力峰值和位移的结论。

韩秉呈等[67]以古城煤矿 N1302 工作面为例，通过切顶卸压控制双巷围岩稳定；认为切顶能减轻运输顺槽受力，当煤柱宽度不变时，切顶高度对煤帮应力影响有限，但切断关键层后，煤帮应力显著降低，固定切顶高度、调整煤柱宽度可调控回风顺槽受力。

王猛等[68]通过试验分析围岩强度衰减情况，对 $FLAC^{3D}$ 模型进行改进，以实地矿压规律逆推岩体力学参数。实践表明，此卸压方案可大幅提升围岩稳定性，操作简便有效。

张逸群等[69]针对15107工作面小煤柱巷道受侧向及超前支承压力影响易变形问题，通过分析沿空巷道顶板结构特性，采用密集钻孔卸压，结果表明切顶能够降低侧向支承压力峰值并减轻超前支承压力影响。

康红普等[70]介绍了国内通过真三轴试验系统研究水力裂缝扩展的成果，探讨了煤矿井下水力压裂的新进展，涵盖压裂方法、设备及效果评估；分析了该技术在坚硬顶板弱化和巷道卸压中的应用，提出了发展建议。

Zhai等[71]以枣泉煤矿14203工作面为背景，分析深埋高应力巷道围岩变形机理，并提出水力压裂降压技术以控制围岩。通过模拟与现场试验，证实了该技术可有效降低围岩应力，显著减少围岩变形，是有效的巷道围岩控制方法。

Liu等[72]根据力学模型确定了最佳压裂位置，分析了悬顶长度、厚度、弹性模量及缓冲系数的影响；应用于大同矿区马家梁煤矿巷道，证明了水力压裂可有效控制围岩变形，为现场施工提供了科学指导。

赵善坤[73]通过比较深孔顶板预裂爆破和定向水压致裂技术在相同条件下的防冲效果与施工效率，发现两者均能有效预防冲击地压，但定向水压致裂技术在控制效果、施工效率及安全性方面更胜一筹。

王琦等[74]以山东泰安孙村煤矿为例，分析了传统支护方法的局限性；提出了深部高强锚注切顶自成巷方法，显著降低了围岩应力和变形，现场应用也验证了该方法的有效性。

郭志飚等[75]以嘉阳煤矿3118工作面为例，通过地质条件和力学模型分析，推导出薄煤层预裂切缝的理论公式，得出了最优参数，有效改善了顶板控制效果，为薄煤层开采技术提供了实践依据。

张长君等[76]通过理论分析、数值模拟及现场实践，揭示了小煤柱巷道松软破碎厚顶煤围岩变形大、应力高、煤体裂隙发育和围岩稳定性差的原因，提出“锚杆索高强高阻支护＋弱结构卸压”控制技术。结果表明，优化支护技术后，顶板及帮部位移均降幅明显，有效提升了巷道围岩稳定性。

王卫军等[77]基于Mohr-Coulomb准则推导出考虑支护阻力影响的圆形巷道围岩塑性区界限的近似计算方法，发现支护阻力能有效缩小浅部巷道的塑性区，尤其在高主应力比下可显著限制蝶形区扩散。

郭建平[78]对山西三元煤业下霍煤矿1306工作面回风顺槽的顶板进行研究，分析了上覆采空区对煤层垂直应力的影响，设计了巷道支护方案；通过FLAC^{3D}模拟，评估了支护效果，结果显示围岩位移控制在安全范围内，从而确保了施工安全。

朱珍等[79]介绍了一种创新的无煤柱无掘巷开采技术，并与传统方法比较，阐释了其开采过程和巷道形成机制；通过分析顶板岩层动态及建立围岩结构力学模型，推导了支护阻力计算公式并探讨了其影响因素。

Zhang等[80-83]在多样地质环境下，通过实地试验优化了110工法，包括NPR

锚索加固、顶板精准爆破和挡矸支护等关键技术，并实施了综合支护策略，有效改善了开挖效果。

Gao 等[84]通过物理模拟和非接触式测量，探索了不同层次硬顶板断裂对地压的影响，揭示了其机理，并通过现场测量分析了其对地压的作用，为控制硬顶板开采中的地压提供了理论支撑。

Liu 等[85]分析了煤矿厚硬顶板长悬距处理的方法，提出并试验了一种新的预裂爆破方案。这项创新技术已成功用于巨厚砾岩顶板下采矿，丰富了非支柱采矿技术，具有显著的实际应用价值和指导意义。

王明山[86]针对中厚煤层沿空巷道支承压力大、变形严重等问题，提出了"卸压-加固"围岩控制成套技术，利用理论计算、数值模拟方法分析了关键控制参数，现场应用表明该支护技术能有效控制围岩变形。

李汉璞等[87]针对多次采动影响下小煤柱巷道围岩变形的问题，以贾家沟煤矿10115 工作面运输巷为例，分析了切顶卸压的位置和高度对巷道围岩应力分布的影响，提出了"切顶卸压"与"顶、帮锚索补强"相结合的控制技术，应用结果表明，切顶卸压可以显著降低煤柱上的应力峰值。

张亮等[88]针对隆安煤矿 307 工作面在回采期间因构造应力与邻近 305 工作面采空区残余应力导致小煤柱破碎、巷道变形严重的问题，通过技术分析明确了小煤柱破碎的机理，并优化了巷帮支护；提出了"注浆＋桁架锚杆＋L 型钢带"联合支护方案，并在实践中证明其可有效控制小煤柱变形，确保工作面的后期安全高效回采。

综上，国内外学者针对顶板覆岩压力变化规律及如何调控卸压，结合现场实际，进行了大量的研究，提出了不同的卸压技术和理论。然而，有关双巷布置留设小煤柱，在连续采掘扰动影响下，煤柱承载特性和围岩变形破坏规律的研究内容较少，需要进一步研究探讨。

1.3 研究内容和方法

1.3.1 研究内容

以石拉乌素煤矿 1210 工作面为研究对象，针对强扰动、大断面巷道等控制挑战，通过取样与实验室岩石力学性质测试，结合岩性与工程特征建立数值模型；设计巷道围岩稳定控制方案，确定支护参数，通过数值分析与现场监测进行巷道全周期研究。主要研究内容如下：

(1) 现场调研及力学性能测试

通过实地采样探究其力学特性，并通过松动圈测试了解顶板和侧壁的变形与破坏情况。在石拉乌素煤矿,从试验巷道取样后,将煤岩样本制成标准岩样进行力学试验,以测定其物理力学参数。

(2) 小煤柱双巷掘进回采强扰动围岩力学分析

通过理论分析与数值模拟探究石拉乌素煤矿1210工作面巷道围岩的应力分布,分析采掘扰动下的力学特性,旨在为巷道布局、支护设计及参数优化提供依据。

(3) 小煤柱双巷掘进采煤工作面卸压研究

结合理论分析、数值模拟与现场测试,本研究在明确巷道力学参数后,设计了卸压方案,目的是在小煤柱受强扰动时保证高应力有效转移,同时评估巷道和煤柱应力变化,以及水平和垂直位移,探讨卸压对巷道稳定性的作用。

(4) 巷道围岩支护技术

结合卸压应力分布情况,提出巷道围岩支护技术。分析巷道围岩控制的关键影响因素,构建高效围岩支护方式,分析在支护状态下巷道围岩控制效果,改良巷道承载结构,实现巷道掘进回采期间安全稳定承载。

1.3.2 技术路线

对上述提及的研究内容,本书采用的技术路线如图1-1所示。

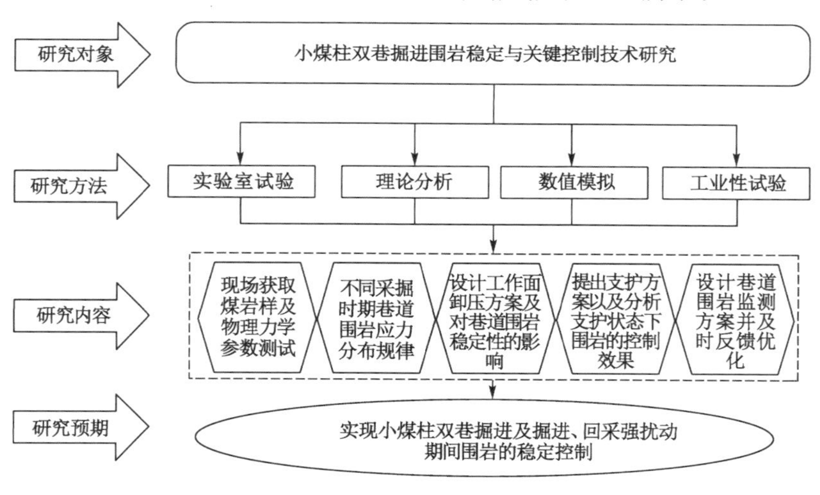

图1-1 技术路线

2 工程背景及力学参数测定

本章对石拉乌素煤矿进行了整体概述，并详细描述了1210工作面的情况，包括所开采煤层的顶底板岩石条件和水文地质特征；解释了采用双巷布局和保留小煤柱的原因，并概括了石拉乌素煤矿当前面临的主要问题；同时，介绍了通过现场钻探取样获得的煤岩体的基本力学性能参数。

通过现场实地调研，了解了石拉乌素煤矿1210工作面现场的情况。其中，包括1210工作面辅运巷的顶底板煤岩状态、巷道有无涌水以及是否过断层等基本情况；通过现场调研与样品取样，了解了小煤柱双巷布置的承载与围岩变形规律，获取了$2\text{-}2_{上}$煤层及顶底板岩石力学性质，为巷道围岩稳定、切顶卸压研究以及支护方案提出提供了数据支撑。

2.1 工程地质概况

2.1.1 工作面基本概况

石拉乌素煤矿埋深700 m左右，1210工作面位于12盘区中南部，巷道西侧为1208工作面，东侧为设计的1212工作面，南侧为1210工作面辅运巷南段（沿空），北侧为大巷保护煤柱，巷道平面布置如图2-1所示。

1210工作面主要回采$2\text{-}2_{上}$煤，$2\text{-}2_{上}$煤呈黑色，弱沥青光泽，为亮煤-暗煤。煤表面含有少量的丝炭与黄铁矿薄层，并具细条带结构，属半暗类型。

煤层产状整体变化不大，宽缓褶曲发育；煤层厚度变化较小，煤层平均厚度5.18 m，底板上方3.9 m左右发育一层泥岩夹矸或线，煤层倾角0°～1°。煤的坚固性系数f约为1.9，因此，$2\text{-}2_{上}$煤属于软-中等硬度的煤层。

2.1.2 开采煤层顶底板条件

巷道自1210工作面横贯开口，该区域为2-2煤分叉区域，设计沿$2\text{-}2_{上}$煤底板掘进，$2\text{-}2_{上}$煤厚4.65～5.42 m，平均5.18 m，以暗煤为主，夹亮煤条带，具褐黑色条痕，条带状构造，含黄铁矿薄膜。开采煤层的顶底板情况详见表2-1，综合柱状图详见图2-2。

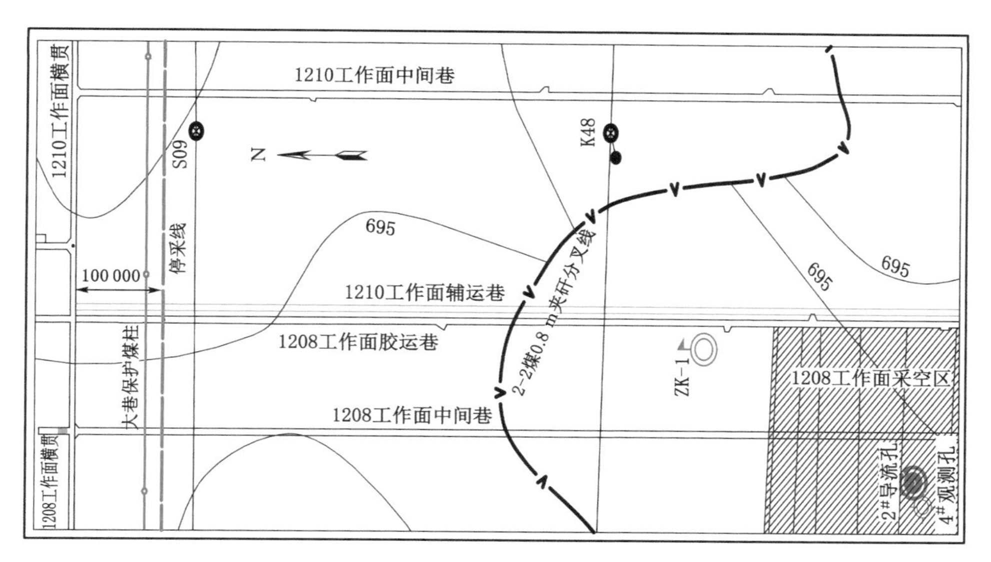

图 2-1　巷道平面布置图

表 2-1　开采煤层的顶底板情况

顶底板名称	岩石名称	厚度/m	岩性及物理力学性质
基本顶	中砂岩	$\frac{14.10\sim21.40}{17.75}$	浅灰色，呈波浪状层理，主要由石英和长石组成，夹杂着少许的岩石碎片，分选性较差，以泥土作为胶结物，质地偏硬但不完全坚固。$f=2\sim3$
直接顶	粉砂岩	$\frac{3.20\sim3.28}{3.24}$	灰白色，具脉状层理，含岩屑及云母，具泥质填隙物，夹砂质泥岩薄层，半坚硬。$f=2\sim3$
伪顶	煤与泥岩互层	$\frac{0\sim0.63}{0.32}$	煤：黑色，裂隙发育，弱沥青光泽； 泥岩：深灰色，含炭屑，块状，易碎
直接底	砂质泥岩	$\frac{0.80\sim3.56}{2.28}$	深灰色，砂泥质结构，含砂不均，具水平纹理，含少量植物化石，平坦状断口，半坚硬。$f=2\sim3$
老底	$2\text{-}2_{中}$ 煤层	$\frac{3.86\sim4.03}{3.95}$	黑色，以暗煤为主，亮煤次之，细条带状构造，弱沥青光泽

2.1.3　水文地质构造

1210 工作面煤层起伏变化较小，整体呈现单斜构造，东部较高，西部较低，煤层走向以 NW 向为主。

1210 工作面辅运巷位于 12 盘区中南部，在掘进过程中，主要充水水源为2-2

地层系统			柱状	岩石名称	层厚/m	岩性描述
系	统	组				
侏罗系 J	中下统 J_{1-2}	延安组 $J_{1-2}y$	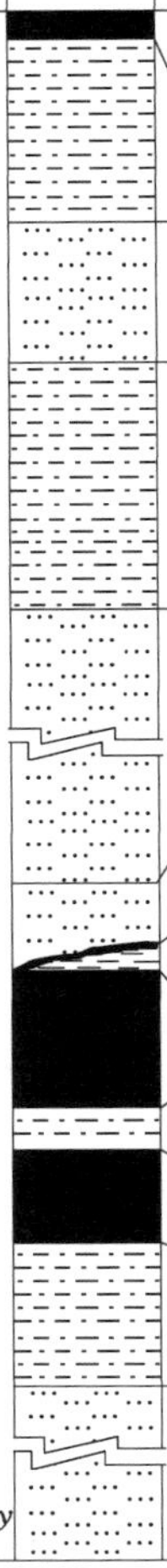	2-1煤	0.47～1.00 0.74	煤:黑色,暗煤为主,含丝炭,条带状构造,黄铁矿薄膜充填,半暗煤
				砂质泥岩	3.73～13.80 7.28	深灰色,砂泥质结构,巨厚层状,含少量植物化石与炭屑,断口呈棱角状,半坚硬
				细砂岩	5.20～12.28 5.82	灰白色,以石英为主,含炭屑,脉状层理,较坚硬
				砂质泥岩	1.90～18.05 9.28	深灰色,砂泥质结构,巨厚层状,含少量植物化石与炭屑,断口呈棱角状,半坚硬
				中砂岩	14.01～21.40 17.75	灰白色,均匀层理,以石英、长石为主,含岩屑及云母,泥质填隙物,半坚硬
				粉砂岩	3.20～3.28 3.24	灰白色,平行层理,含少量炭屑,泥质填隙物,半坚硬
				煤与泥岩互层	0～0.63 0.32	煤:黑色,裂隙发育,弱沥青光泽; 泥岩:深灰色,含炭屑,块状,易碎
				2-2上煤	5.05～5.20 5.10	煤:黑色,暗煤为主,含丝炭,条带状构造,黄铁矿薄膜充填,半暗煤
				砂质泥岩	0.80～3.56 2.28	深灰色,砂泥质结构,巨厚层状,含少量植物化石与炭屑,断口呈棱角状,半坚硬
				2-2中煤	3.85～4.03 3.95	煤:黑色,以暗煤为主,亮煤次之,条带状构造,弱沥清光泽,半暗煤
				砂质泥岩	0.83～9.29 5.26	深灰色,巨厚层状,砂泥质结构,平行层理,含少量植物化石,半坚硬
				细砂岩	4.64～12.29 9.02	灰白色,以石英为主,含炭屑,脉状层理,较坚硬

图 2-2　工作面综合柱状图

煤顶部砂岩水,间接充水水源为直罗组砂岩水,由于掘进顺槽时导水裂隙带高度发育较小,直罗组砂岩水对掘进威胁较小,因此只分析延安组顶板砂岩水。其分析如下。

(1) 工作面顶底板情况

工作面基本顶:中砂岩,平均厚 17.75 m;直接顶:粉砂质,平均厚 3.24 m;直接底:砂质泥岩,平均厚 2.28 m;老底:2-2中煤层,平均厚 3.95 m。

(2) 延安组三岩段砂岩富水性分析

顶板延安组三岩段砂岩含水层:顶板岩性以中细砂岩为主,厚度 12.08～

31.26 m,平均厚 21.91 m。根据延安组三岩段风检抽水试验资料,单位涌水量 0.011 2 L/s·m,富水性弱,渗透系数 0.093 m/d,透水性差;2-2 煤底板分布多层较厚的砂质泥岩及粉砂岩,隔水性较好,阻断了 2-2 煤底板与 6 煤底板含水层的水力联系。掘进时,2-2 煤顶板含水层对掘进影响相对较弱,主要表现为顶板淋水,中部较低洼处可能局部有裂隙涌水。

(3) 断层导(富)水性

根据 1208 工作面胶运巷揭露情况,未发现断层存在。

(4) 隔水层岩性及厚度

根据地质钻孔资料,部分钻孔处直接顶、直接底分布稳定的隔水岩层,岩性为粉砂岩及砂质泥岩,直接顶厚度 0～6.09 m,平均厚度 1.68 m,直接底厚度 0～10.52 m,平均厚度 6.44 m。煤层底板含水层富水性较差,对掘进威胁较小。局部地段隔水岩层厚度小,掘进打锚索时可能会引起基本顶砂岩水下泄。

2.2 双巷及煤柱现场情况

现场状况如图 2-3 所示,现场围岩变形及支护结构破坏的原因可能有以下两点。

(a) 底板开裂　(b) 锚杆失效　(c) 金属网损坏　(d) 钢带破坏

图 2-3 现场状况图

(1) 工作面埋深大,地应力较高,支护控制效果差

1208 工作面平均埋深 686 m,水平应力较大,长期高应力情况下巷道变形速率增大,围岩的稳定性会受到影响,现有的支护方案下,支护构件发生了断裂损坏失效。

(2) 1210 工作面巷道掘进采用双巷布置

保留巷道既要受到本工作面回采时采空区上方岩层垮落产生的侧向支承压力和超前支承压力影响,还要受到下一个工作面回采过程中的支承压力的影响;多次采动应力叠加影响,导致巷道围岩破坏严重,支护困难。

目前,巷道围岩变形破坏失稳机制尚不明确,采动超前支承压力影响期间煤柱承载及围岩受力和变形失稳特征与正常情况差异较大。因此,明确煤柱的承载能力和围岩变形与破坏的规律,以及实施小煤柱双巷掘进和多次回采过程中围岩的有效控制,减少支护成本,降低后续维护频率,显得尤为关键。

2.3 煤岩体试样参数测定

通过现场钻探取样,对煤与岩石样本进行后续加工处理制成标准试样,测定了直接顶岩层、$2\text{-}2_{上}$煤层以及直接底岩层的关键物理力学参数,包括单轴抗压强度、抗拉强度和剪切强度等参数,以便能够为强采动扰动下巷道围岩应力应变分析、小煤柱稳定性分析、支护参数的确定优化改进及切顶卸压技术研究提供相关数据。

2.3.1 试样制备

石拉乌素煤矿 1210 工作面采用双巷布置,试验范围内采用钻孔取样法取样,分别在巷道的顶板、底板以及 $2\text{-}2_{上}$ 煤中打钻取样。1210 工作面辅运巷的直接顶为煤与泥岩混层形成的伪顶,平均仅有 0.32 m,其上则以粉砂岩为主,平均厚度为 3.24 m;直接底以砂质泥岩为主,平均厚度为 2.28 m。为确保试验数据的真实性及减少误差,将所取煤岩体进行标号分组且密封处理,待其到达实验室后进行进一步加工处理,制成 50 mm×100 mm 的标准试样,试验前需将标准试样重新进行标号处理,如图 2-4 所示。

2.3.2 试验过程

在 300 kN 载荷的万能试验机上,对标准试样进行单轴压缩、劈裂拉伸以及抗剪切试验,如图 2-5 所示。

相关参数计算公式如下[89]。

(1) 单轴抗压强度试验(图 2-6)

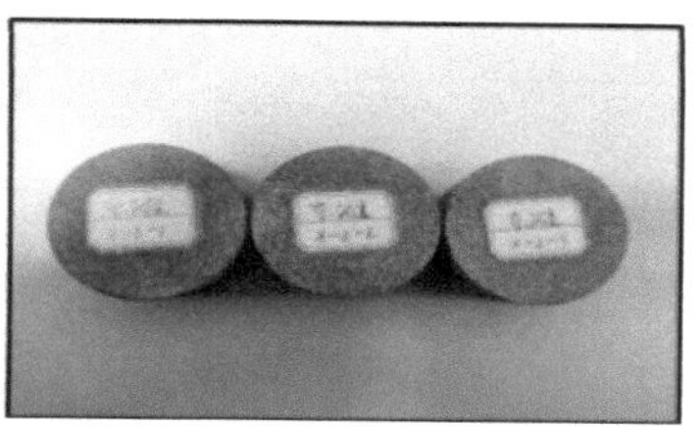

(a) 砂质泥岩试样

(b) 煤样

(c) 粉砂岩试样

图 2-4　部分试样

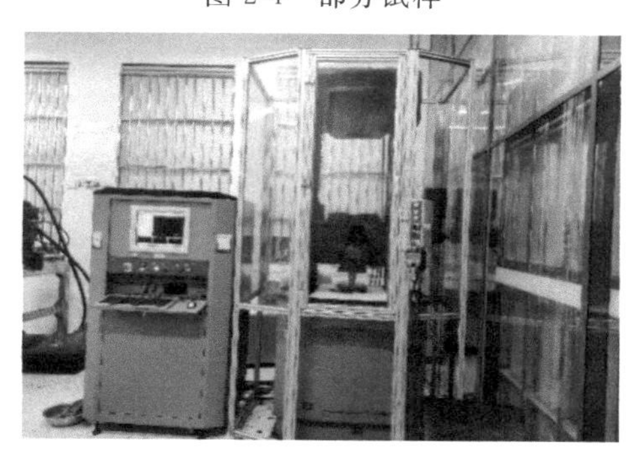

图 2-5　万能试验机

$$\sigma_c = \frac{P}{A} \tag{2-1}$$

式中　σ_c——单轴抗压强度,MPa;

P——破坏载荷,kN;

A——有效受载截面积,mm^2。

图 2-6　单轴抗压强度试验过程

(2) 抗拉强度试验(图 2-7)

$$\sigma_t = \frac{2P}{\pi DH} \tag{2-2}$$

式中　σ_t ——单轴抗拉强度,MPa;

P ——破坏载荷,kN;

A ——有效受载截面积,mm^2;

D ——试件自身直径,mm;

H ——试件自身高度,mm。

图 2-7　抗拉强度试验过程

(3) 抗剪强度试验(图 2-8)

$$\sigma = \frac{P}{A}(\cos\alpha + f\sin\alpha) \tag{2-3}$$

$$\tau = \frac{P}{A}(\sin\alpha - f\cos\alpha) \tag{2-4}$$

式中 σ——正应力,MPa;

τ——剪应力,MPa;

P——破坏载荷,N;

A——剪切面面积,mm^2;

f——摩擦因数;

α——剪切角度,(°)。

对于不同类型的岩石,分别在45°、55°和65°不同角度下进行剪切试验,根据以下公式[89]对岩石的内聚力、内摩擦角进行拟合处理。

$$\tau = \sigma \tan \varphi + C \tag{2-5}$$

式中 C——内聚力,MPa;

φ——内摩擦角,(°)。

图 2-8 抗剪强度试验过程

2.3.3 试验结果

试验结果如表2-2所示。

表 2-2 目标试件测定结果

取样位置	岩石名称	单轴抗压强度/MPa	抗拉强度/MPa	抗剪强度/MPa	内聚力/MPa	内摩擦角/(°)
直接顶	粉砂岩	25.32	3.23	3.66	3.35	34
2-2煤	煤	12.31	1.56	2.01	1.25	35
直接底	砂质泥岩	15.26	2.06	2.36	2.16	36

3 强扰动作用下双巷布置小煤柱围岩稳定性分析

为了深入探究石拉乌素煤矿小煤柱两侧巷道掘进与回采过程中的强烈扰动对巷道围岩稳定性的影响，本章根据现场具体情况，综合运用了小煤柱宽度理论、工作面超前支承压力的分布理论以及切顶卸压的“短横梁”结构理论等方法进行分析。本章通过理论计算并考虑1210工作面的实际地质情况，分别通过数值模拟建立4种煤柱宽度的模型，分别讨论掘进巷道及回采期间的1210工作面围岩稳定性。

3.1 小煤柱合理宽度理论计算

基于极限平衡理论，设计煤柱宽度 B 范围如图3-1所示，计算公式如下[90]：

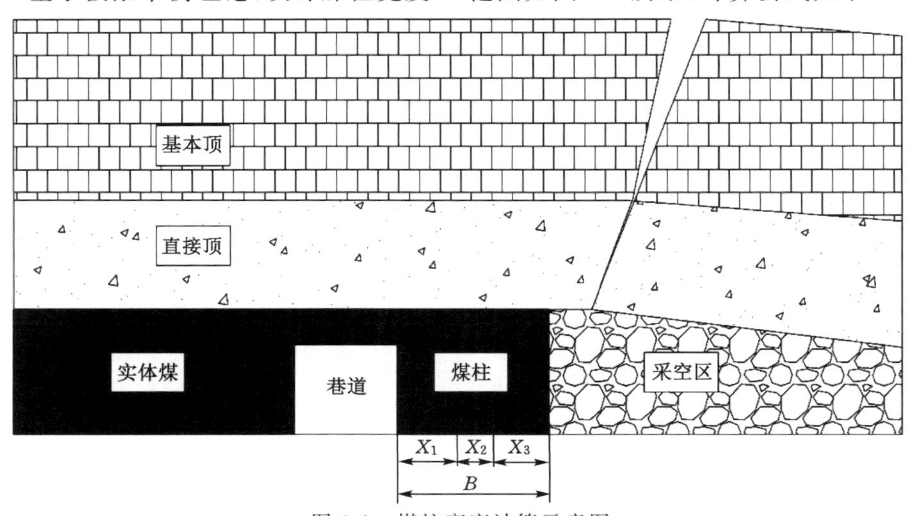

图3-1 煤柱宽度计算示意图

$$B = X_1 + X_2 + X_3 \tag{3-1}$$

式中 B ——最小的煤柱宽度，m；

X_1——巷道沿空侧塑性区宽度，m；

X_2——锚杆有效长度，1.45 m；

X_3——煤柱安全余量，取 $0.1(X_1+X_2)$。

其中 X_1 的计算公式为：

$$X_1=\frac{\lambda H_0}{2\tan\theta_0}\ln\left(\frac{k\gamma H_1+\dfrac{C_0}{\tan\theta_0}}{\dfrac{C_0}{\tan\theta_0}+\dfrac{p_0}{\lambda}}\right) \tag{3-2}$$

式中 X_1——塑性区宽度，m；

H_0——工作面采高，取 5.1 m；

λ——侧压系数，0.25；

θ_0——煤的内摩擦角，取 35°；

k——应力集中系数，取 1.65；

γ——岩层重度，取 0.019 MN/m^3；

C_0——内聚力，取 1.25 MPa；

H_1——煤层埋深，取平均埋深 686 m；

p_0——上区段支护对煤帮的阻力，取 0.34 MPa。

基本顶的破断发生在弹性区与塑性区的交界线上，这意味着基本顶的破断点到采空区边缘的距离等同于采空区一侧煤柱塑性区的宽度，则 X_1 为 2.05 m，煤柱的最小宽度应为 3.85 m。

当煤柱宽度满足条件后，将巷道布置在应力集中程度较小的区域，防止在高应力影响下巷道变形，巷道支承压力峰值点与采空区侧向围岩的间距可以通过式(3-3)来估算[91]：

$$x_0=15-0.475f_0-0.16\sigma_c-0.2\alpha+1.6H_0+1.7\times10^{-3}H_1 \tag{3-3}$$

式中 x_0——支承压力峰值点距采空区侧向围岩的距离，m；

H_1——煤层埋深，取 686 m；

α——煤层倾角，取 1°；

H_0——工作面采高，取 5.18 m；

f_0——煤层坚固性系数，取 2～3；

σ_c——顶板岩石的单轴抗压强度，取 30～40 MPa。

将相关数据代入计算，得出 x_0 的值介于 16.43～18.5 m 之间。鉴于 1210 工作面的巷道宽度为 6 m，因此支承压力峰值位置距离煤壁为 10.43～12.5 m，从而确定留设的小煤柱最大宽度应为 10.43 m。基于以上分析，初步确定合理的小煤柱宽度范围为 3.85～10.43 m。考虑石拉乌素煤矿同一开采区域内实际留设的小煤柱宽度，下面探讨 4 种小煤柱宽度情况：4 m、5 m、6 m、7 m，分析 4 种宽度的煤柱在掘进及回采期间巷道围岩应力应变演化趋势。

3.2 不同煤柱宽度模拟研究

3.2.1 数值模型建立

本研究采用大型数值模拟软件 $FLAC^{3D}$，该软件能够处理复杂的岩土体力学问题。为精确模拟并预测巷道周围的应力分布及变形特性，基于石拉乌素煤矿 1210 工作面的具体地质情况及第 2 章试验求得的相关围岩物理力学性质参数赋值。

其中，沿水平方向且垂直于巷道走向为坐标轴的 X 方向，长度为 186 m；沿水平方向且沿巷道走向为坐标轴的 Y 方向，长度为 100 m；垂直于 X 轴且沿竖直方向为坐标轴的 Z 方向，高度为 62 m。

数值模型表面在 $X=0$ m 和 $X=186$ m 的面受到沿 X 轴方向的水平约束，限制其水平移动；在 $Y=0$ m 和 $Y=100$ m 的面受到沿 Y 轴方向的水平约束，限制该方向的水平移动。为防止应力向外扩散，模型 $Z=0$ m 和 $Z=62$ m 的面分别为固定面及自由面。在模型建立并初始化过程中，模型可能会发生变形，为了更真实地还原初始条件，需考虑真实环境中岩石周围被围岩束缚的情况，因此对模型除顶面外的其他表面施加约束力。在这种条件下运行一定的时步，待模型受力达到平衡后，对初始化过程中的变形进行清零，确保后续运算的准确性。最后，根据实际情况对模型施加适当的应力场。

最终构建的数值模拟模型如图 3-2 所示。

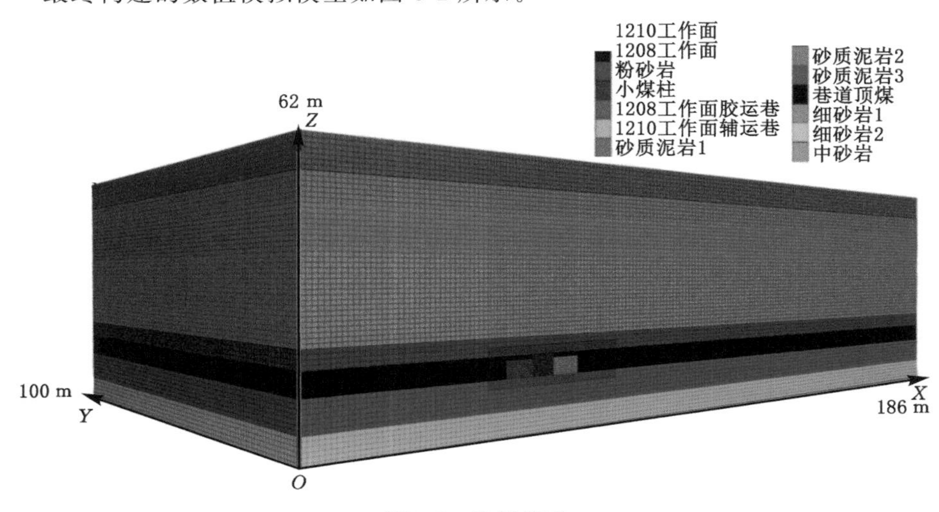

图 3-2　数值模型

基于石拉乌素煤矿的地质钻探资料，模型覆盖包括 $2\text{-}2_{上}$ 煤在内的 8 类岩层，包括砂质泥岩、细砂岩、中砂岩、粉砂岩、$2\text{-}2_{上}$ 煤、细砂岩等，对模型中各个岩层赋予 Mohr-Coulomb 本构模型。从矿方获取的相关力学参数详见表 3-1，模拟获得的应力平衡图如图 3-3 所示。

表 3-1 顶底板岩层及煤的力学参数

岩层	密度 /(kg/m³)	体积模量 /GPa	剪切模量 /GPa	抗拉强度 /MPa	内聚力 /MPa	内摩擦角 /(°)
砂质泥岩 1	2 510	2.56	2.36	2.06	2.16	36
细砂岩 1	2 893	21.01	13.52	13.26	3.20	42
砂质泥岩 2	2 510	2.56	2.36	2.06	2.16	36
中砂岩	2 580	12.22	10.79	10.21	2.50	42
粉砂岩	2 604	6.42	3.66	3.23	3.35	34
煤	1 380	4.91	2.01	1.56	1.25	35
砂质泥岩 3	2 510	2.56	2.56	2.06	2.16	36
细砂岩 2	2 893	21.01	13.52	2.06	2.16	36

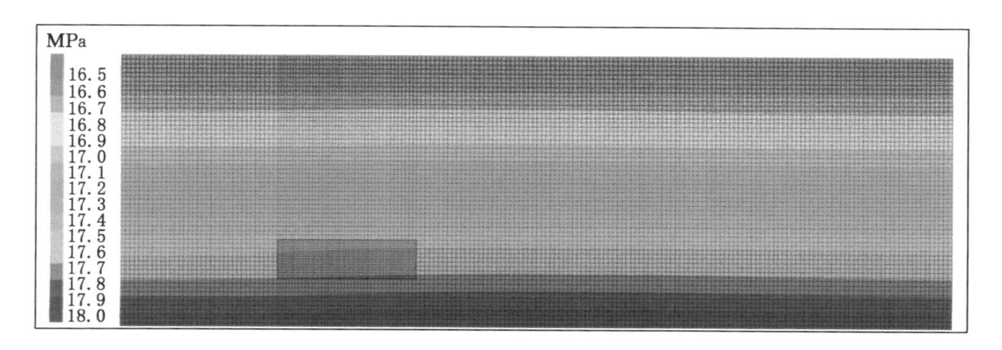

图 3-3 应力平衡图

3.2.2 掘进期间煤柱应力分布特征

考虑石拉乌素煤矿同一采区中实际保留的煤柱宽度，本次研究 4 种不同的煤柱尺寸，宽度分别为 4 m、5 m、6 m 和 7 m。采用 $FLAC^{3D}$ 软件，分别构建不同模型，研究 4 种煤柱宽度情况下在掘进以及回采过程中地应力对巷道围岩稳定性的影响。

掘进期间不同宽度小煤柱水平应力云图如图 3-4 所示。

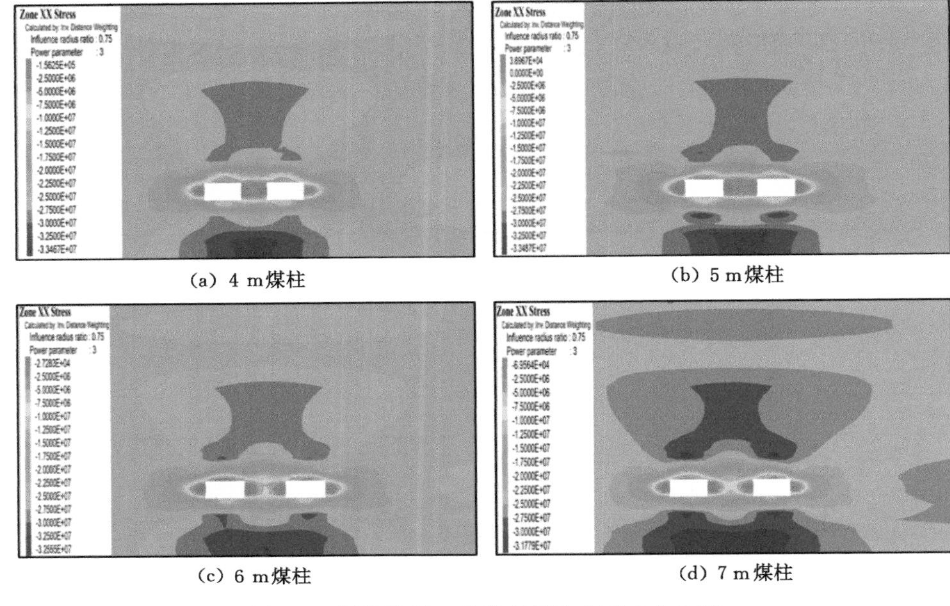

(a) 4 m煤柱　　(b) 5 m煤柱

(c) 6 m煤柱　　(d) 7 m煤柱

图 3-4　掘巷期间 4 种宽度煤柱水平应力云图

待上述模型应力平衡后，在开挖 1208 工作面胶运巷和 1210 工作面辅运巷时，分别在不同宽度的小煤柱模型内布置测线，测线位于 1210 工作面辅运巷两帮的中部，各自向水平方向延伸，1210 工作面辅运巷右帮侧水平延伸 130 m，监测围岩在不同宽度小煤柱掘进期间的应力变化。

由图 3-5 可知，在煤柱内部水平方向的应力类似于呈正态分布，并在煤柱的中心区域出现应力峰值。随着煤柱宽度的逐渐增大，实体煤侧所承受的水平应力峰值呈现先稳定后降低的变化趋势。特别是当煤柱宽度为 4～5 m时，这一应力峰值大约维持在 25.95 MPa，应力峰值分布曲线几乎可以视为一条水平线；当煤柱宽度进一步增加到 6～7 m 时，最大水平应力开始减小，从 6 m 宽煤柱时的25.8 MPa减少到 7 m 宽煤柱时的 24.7 MPa。

一般情况下，随煤柱宽度的增加，其应力峰值都有增加的趋势。其增长速度与煤柱宽度有关。例如，对于宽度为 4 m 的煤柱，其水平应力相对较低，并且其增长的趋势也比较缓和。在这种情况下，4 m 宽的煤柱不足以维持巷道的稳定性。在煤柱宽度从 5 m 增至 7 m 的过程中：当煤柱宽度为 6 m 时，其水平应力峰值升至 7.72 MPa，是 5 m 宽煤柱峰值的 1.6 倍；当煤柱宽度为 7 m 时，其水平应力峰值增至 9.68 MPa，是 5 m 宽煤柱的 2.04 倍。

在这种高应力环境下，煤体易于在长期的应力作用下发生变形，这可能导致巷道出现较大变形，不利于其长期稳定。因此，在仅考虑水平应力分布的情况下，选

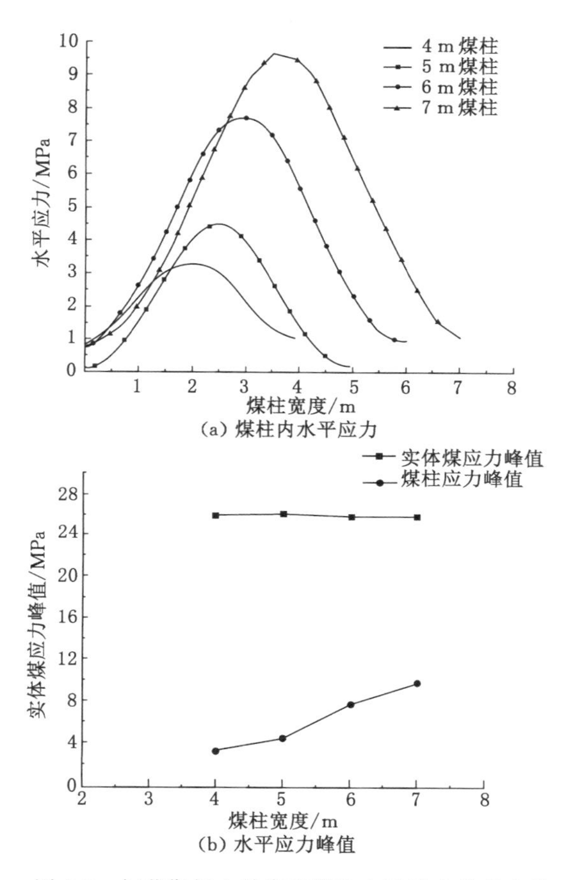

图 3-5 掘巷期间 4 种宽度煤柱水平应力分布曲线

择 5 m 或 6 m 宽的煤柱更为合理。

掘进期间不同宽度小煤柱垂直应力云图如图 3-6 所示。

待模型达到运算平衡，完成 1208 工作面胶运巷和 1210 工作面辅运巷的掘进后，在不同模型内布置测线，测线位于 1210 工作面辅运巷两侧中间，并沿水平方向延伸，在 1210 工作面辅运巷右侧延伸 130 m，以便监测在不同宽度煤柱掘巷期间巷道围岩应力的变化情况。

从图 3-7 中可以观察到，小煤柱内部的垂直应力分布与水平应力的分布类似，类似于正态分布曲线，煤柱中心区域的垂直应力达到峰值。在实体煤侧，随着煤柱宽度的增大，垂直应力的峰值先是上升，随后开始降低。当煤柱宽度由 4 m 增加至 5 m 时，靠近实体煤一侧的垂直应力峰值增加了 6.86 MPa。随着煤柱宽度的进一步扩大，应力峰值呈现下降趋势，在宽度为 5～7 m 的范围内，下降了 1.54 MPa。

当煤柱宽度由 4 m 增加至 5 m 时，煤柱内部的垂直应力峰值有 3.83 MPa 的

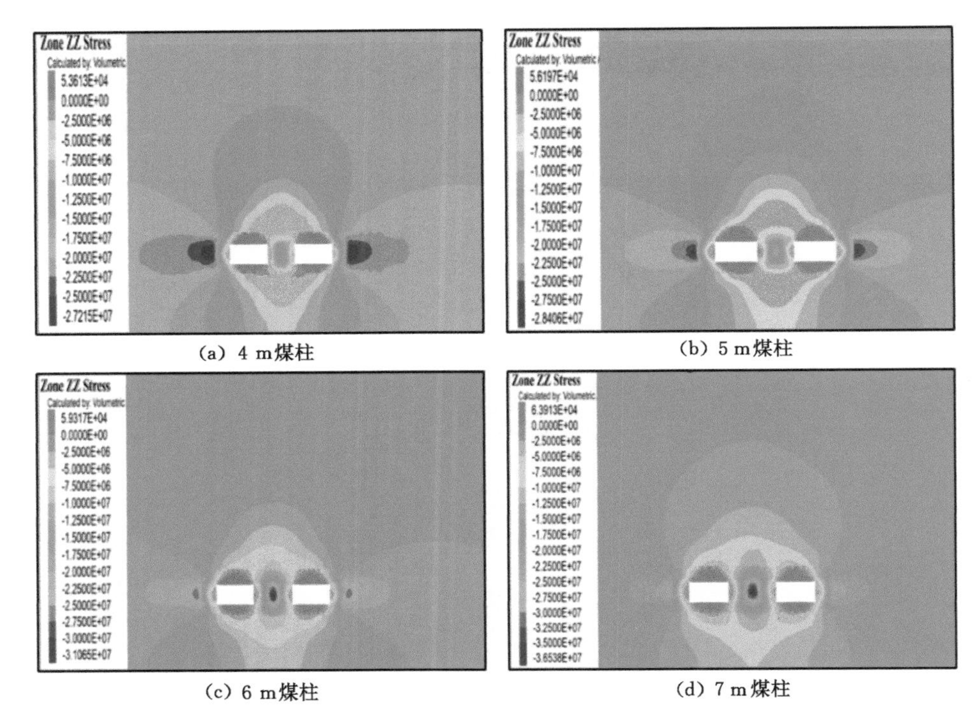

(a) 4 m煤柱　　(b) 5 m煤柱

(c) 6 m煤柱　　(d) 7 m煤柱

图 3-6　掘巷期间 4 种宽度煤柱垂直应力云图

增幅；当煤柱宽度由 5 m 增加至 6 m 时，垂直应力峰值的增幅为 10.6 MPa，从 5 m 时的 19.07 MPa 上升到 6 m 时的 29.67 MPa；当煤柱宽度增至 7 m 时，煤柱内的垂直应力峰值达 34.89 MPa。

当煤柱的宽度仅为 4 m 时，其承受的垂直应力相对较低，不足以保证巷道稳定。在煤柱宽度从 5 m 增至 7 m 过程中，当宽度达到 6 m 时，煤柱内部的垂直应力峰值急剧增加到 29.67 MPa，比 5 m 宽煤柱的峰值高出 56%；当宽度增加至7 m 时，垂直应力峰值升高至 34.89 MPa，为 5 m 宽煤柱的 183%。在这种情况下，巷道顶部的应力条件较为恶劣，长时间承受高应力会导致巷道发生较大变形，不利于巷道的长期稳定。因此，基于垂直应力变化规律来看，选择 5 m 的煤柱宽度比较合理。

3.2.3　掘进期间煤柱变形特征

掘巷过程中的应力演化，可以通过位移的变化来观察。掘进期间煤柱的位移分布云图如图 3-8 和图 3-9 所示。

在煤柱侧及实体煤侧布置测线，监测煤柱和巷道围岩的变形和应力。同时，观

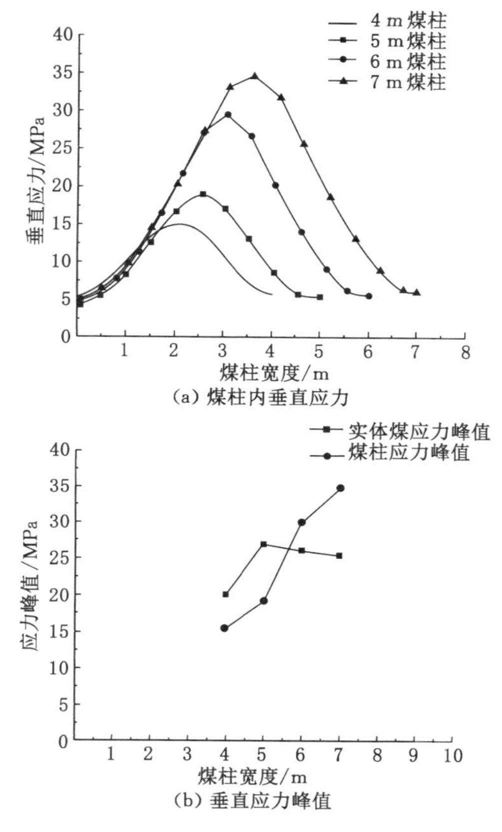

图 3-7 掘巷期间 4 种宽度煤柱垂直应力分布曲线

察 1210 工作面在上一个工作面采掘活动引起的侧向支承压力作用下的变化情况。考虑在掘进过程中,煤柱侧以及巷道顶板围岩的变形量差异不大,在实际工程中可忽略,故此,着重分析回采期间巷道围岩的应力应变情况。

3.2.4 一次回采期间煤柱垂直应力分布特征

分别构建了 4 种宽度煤柱的模型,待其巷道围岩稳定后对巷道围岩的应力和变形进行监测,基于上述取得的结果进行处理分析。

一次回采期间不同宽度煤柱下的垂直应力云图如图 3-10 所示。

待 1208 工作面回采完成后,在 4 种模型内布置测线,测线位于 1210 工作面辅运巷两侧的中点,并向水平方向延伸,其中 1210 工作面辅运巷右侧垂直于巷道方向延伸 130 m,以此来监测不同宽度煤柱巷道围岩应力在一次回采强扰动作用下的变化特征。

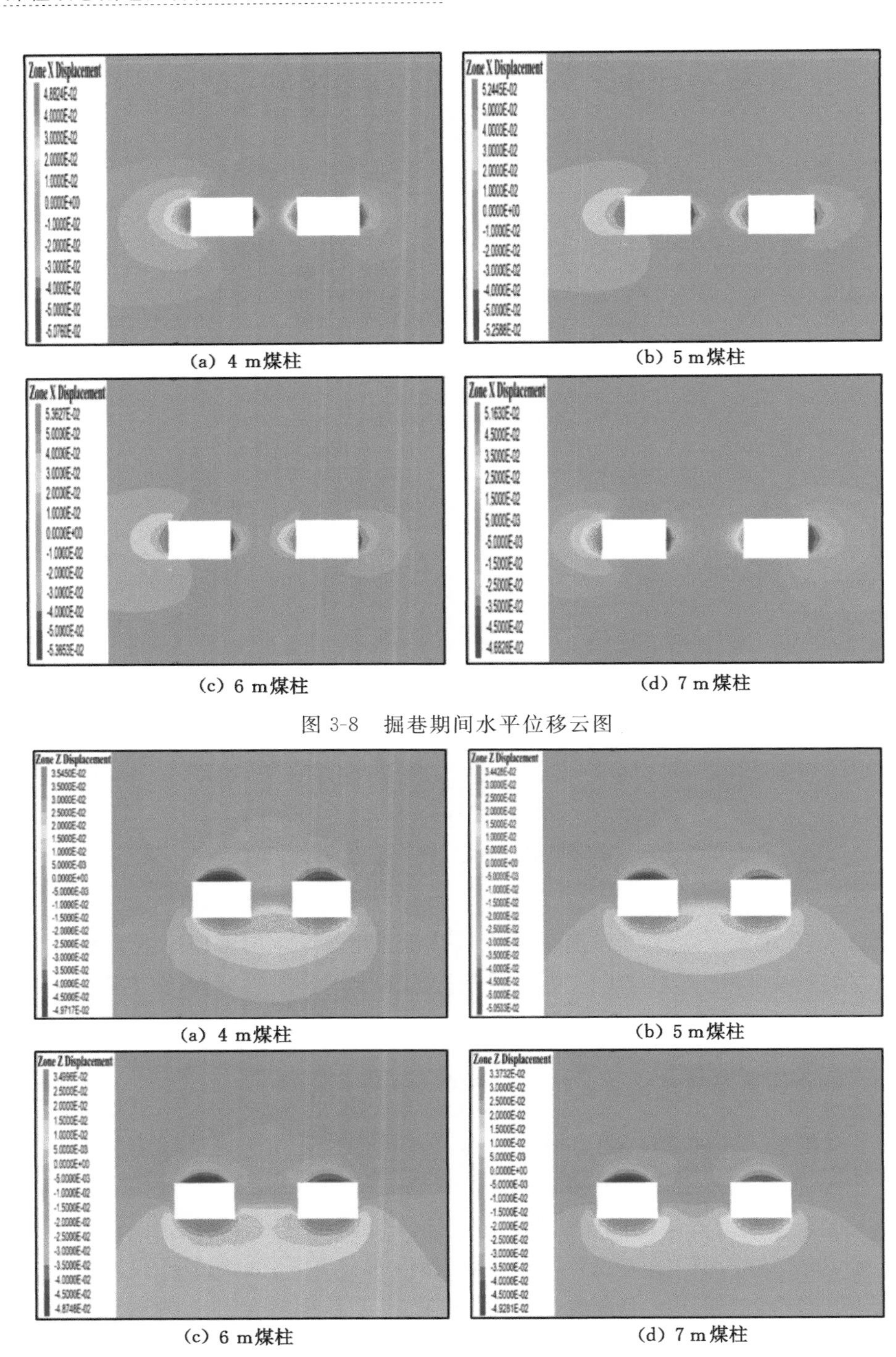

(a) 4 m煤柱　(b) 5 m煤柱

(c) 6 m煤柱　(d) 7 m煤柱

图 3-8　掘巷期间水平位移云图

(a) 4 m煤柱　(b) 5 m煤柱

(c) 6 m煤柱　(d) 7 m煤柱

图 3-9　掘巷期间垂直位移云图

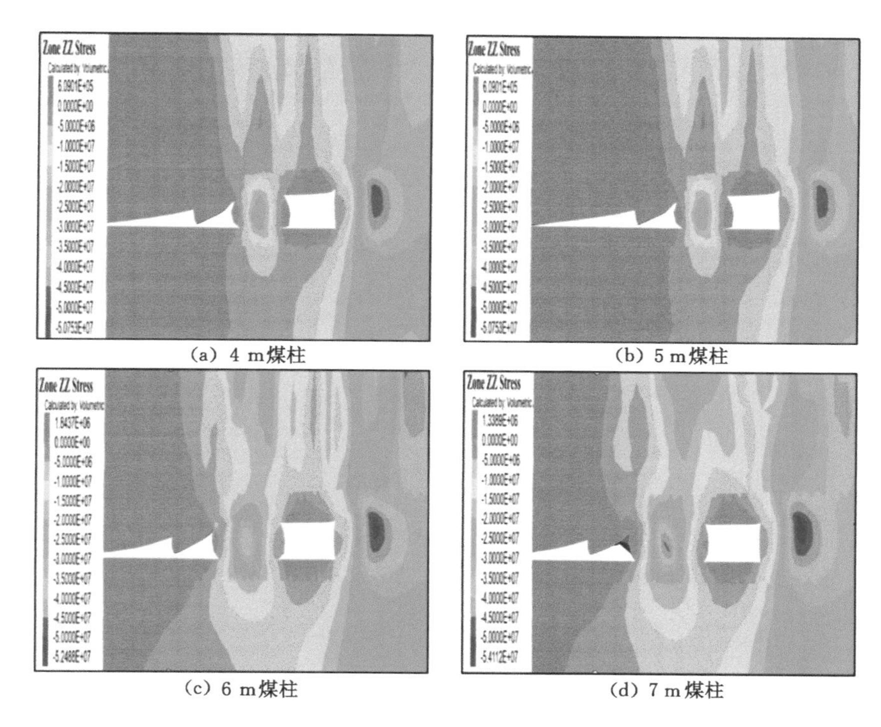

(a) 4 m煤柱　(b) 5 m煤柱

(c) 6 m煤柱　(d) 7 m煤柱

图 3-10　4 种宽度煤柱下的垂直应力云图

由图 3-11 可知,煤柱内部的垂直应力分布类似于正态分布曲线,中心处出现垂直应力峰值。随着煤柱宽度的增大,实体煤侧的垂直应力峰值也随之增长。当煤柱宽度由 4 m 增加至 5 m 时,垂直应力峰值增加了 1.66 MPa。当煤柱宽度继续增加时,垂直应力峰值呈现上升趋势,在煤柱宽度从 4 m 增至 7 m 的过程中,垂直应力峰值增量达到了 3.56 MPa,与掘巷期间的应力峰值变化相差显著。

当煤柱宽度由 4 m 增加至 5 m 时,煤柱的垂直应力峰值增加了 12.48 MPa。而当煤柱宽度从 5 m 增至 6 m 时,垂直应力峰值的增量为 4.11 MPa,即从 34.13 MPa增至 38.24 MPa,应力增量较小;随着煤柱宽度增至 7 m,煤柱垂直应力峰值上升至 42.94 MPa。

当煤柱宽度为 4 m 时,其内部的最高应力达 21.65 MPa,垂直应力峰值较低,不足以保持巷道稳定。随着煤柱宽度的增加,从 5 m 增加到 7 m 过程中,当煤柱宽度为 6 m 时,垂直应力峰值为 38.24 MPa,为 5 m 宽度煤柱时峰值应力的 1.12 倍;当煤柱宽度增至 7 m 时,垂直应力峰值增至 42.94 MPa,为 5 m 宽度煤柱的 1.26 倍。从应力分布云图中可见,此状态下,煤柱内部的应力集中区域显著扩大,从而导致巷道附近的围岩承受过大应力,这种情况不利于巷道的长期安全稳定。

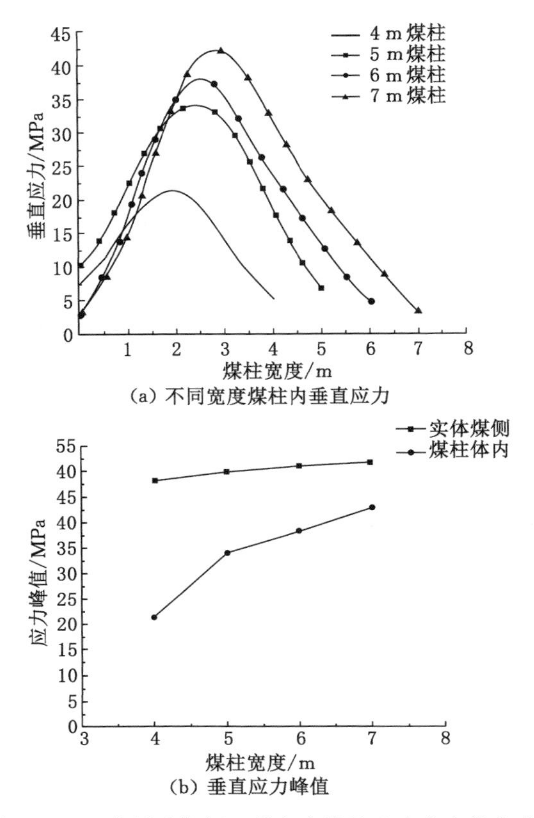

(a) 不同宽度煤柱内垂直应力

(b) 垂直应力峰值

图 3-11　一次回采期间 4 种宽度煤柱垂直应力分布曲线

因此，在进行一次回采作业期间，根据垂直应力分布的规律，选择宽度为 5 m 或 6 m 的煤柱比较合理。

3.2.5　一次回采期间煤柱水平应力分布特征

一次回采期间四种宽度煤柱水平应力云图如图 3-12 所示。

从图 3-13 中可知，煤柱内部的水平应力分布与垂直应力类似，均在煤柱中心区域出现峰值。在煤柱宽度增加的过程中，实体煤侧水平应力的峰值先是增大然后开始减小。当煤柱宽度由 4 m 增加至 5 m 时，实体煤侧的水平应力峰值增加了 0.84 MPa。随着煤柱宽度进一步增加，实体煤侧的应力峰值开始降低，在煤柱宽度从 4 m 增至 7 m 的过程中，降幅达到了 0.96 MPa，这一变化与掘进期间峰值应力相比差异显著。

当煤柱宽度由 4 m 增加到 5 m 时，其内部的水平应力峰值增加了 3.23 MPa；随着煤柱宽度由 5 m 增加至 6 m，其水平应力峰值增加了 0.80 MPa，从 5 m 宽煤

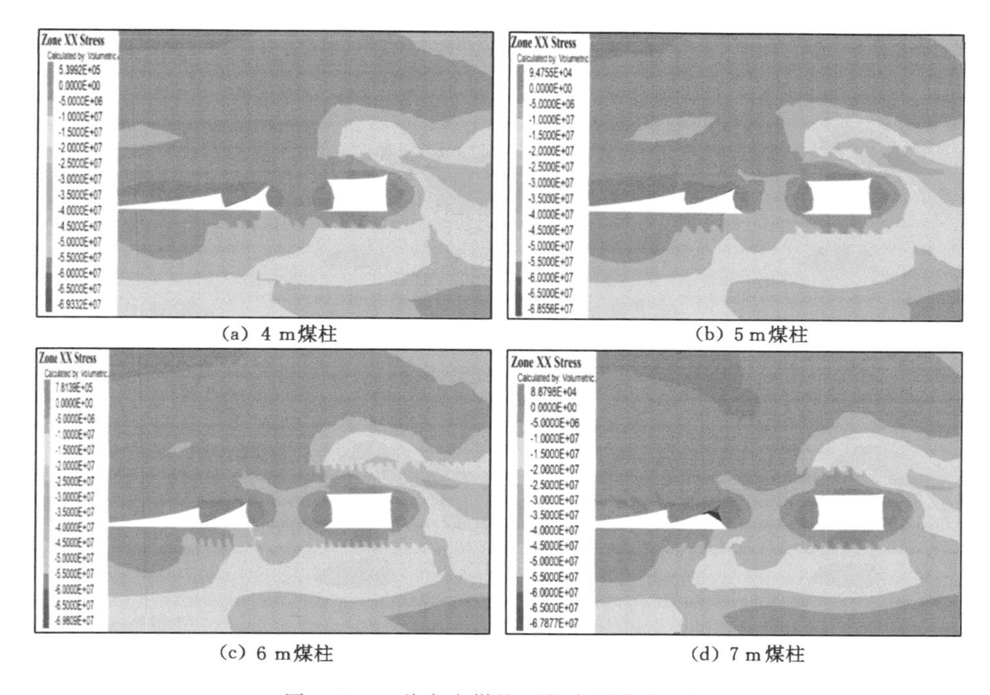

(a) 4 m煤柱　(b) 5 m煤柱
(c) 6 m煤柱　(d) 7 m煤柱

图 3-12　4 种宽度煤柱下的水平应力云图

柱的 9.72 MPa 增至 6 m 宽煤柱的 10.52 MPa；当煤柱宽度扩大到 7 m 时，其内部水平应力峰值达到了 12.15 MPa。

当煤柱宽度为 4 m 时，煤柱内部的峰值应力为 6.49 MPa，水平应力较低，煤柱无法保持巷道的稳定性。在煤柱宽度从 5 m 增加到 7 m 的过程中，煤柱内水平应力峰值在 6 m 宽时增高至 10.52 MPa，为 5 m 宽煤柱的 1.08 倍；当煤柱宽度增至 7 m时，水平应力峰值上升至 12.15 MPa，为 5 m 宽煤柱的 1.25 倍。从应力云图可以看出，此时煤柱内的应力集中区域明显扩大，导致巷道煤柱侧的围岩应力过高，影响巷道围岩的长期稳定。

因此，一次回采期间，从水平应力的变化规律来看，选择 5 m、6 m 宽度的煤柱相较 4 m、7 m 宽度的煤柱更为合理。

3.2.6　一次回采期间煤柱位移变化特征

上节分析了不同宽度煤柱巷道围岩的垂直应力和水平应力在一次回采期间的分布情况，得出当煤柱宽度为 5 m、6 m 时较为合理，下面将从围岩变形的角度分析，从而确定煤柱的合理宽度。

一次回采期间围岩垂直位移云图如图 3-14 所示。

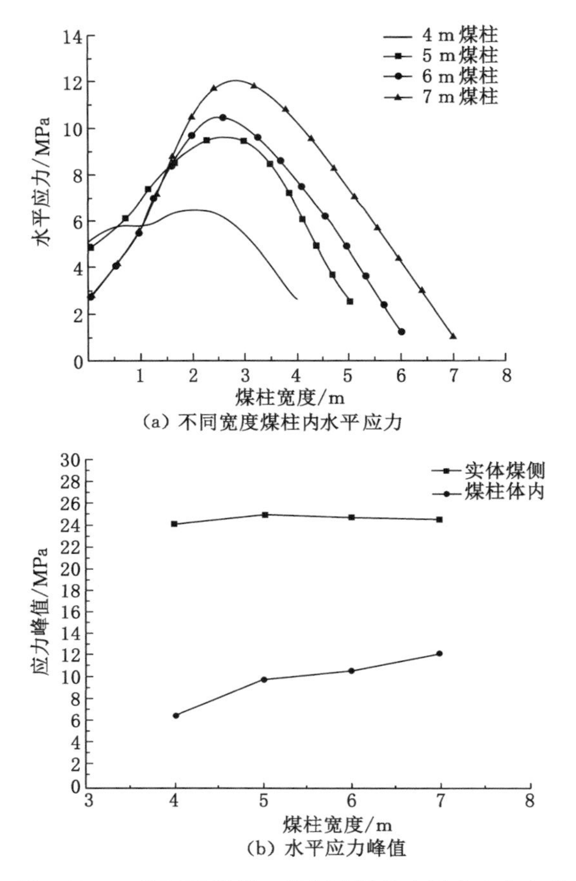

图 3-13　一次回采期间 4 种宽度煤柱水平应力分布曲线

一次回采期间围岩水平位移云图如图 3-15 所示。

由图 3-16 可知，1210 工作面辅运巷的顶板和底板的位移随着煤柱宽度的增大呈现下降趋势。随着煤柱宽度的增加，位移逐渐减小。煤柱宽度从 4 m 增至 7 m时，顶板下沉量从 658 mm 降低至 355 mm，而底鼓量变化不明显，保持在大约 31 mm。顶板下沉量明显超过底鼓量，这一现象可以归因于顶板由较脆弱的 $2\text{-}2_{上}$ 煤构成，而底板则由较坚硬的砂质泥岩构成。煤柱宽度每增加 1 m，顶板下沉量平均减小 50.5 mm，而底鼓的变化量不明显。

煤柱宽度增大的过程中，在实体煤侧位移先增加后减小，在煤柱侧位移则呈现持续上升的趋势。煤柱宽度从 4 m 增至 7 m 时，实体煤侧的位移从 232 mm 增加到 245 mm，随后减小到 239 mm；煤柱侧的位移从 757 mm 减小到 351 mm。在此过程中，尽管两侧的巷道位移都迅速减小，但煤柱侧的减小速度更为显著。

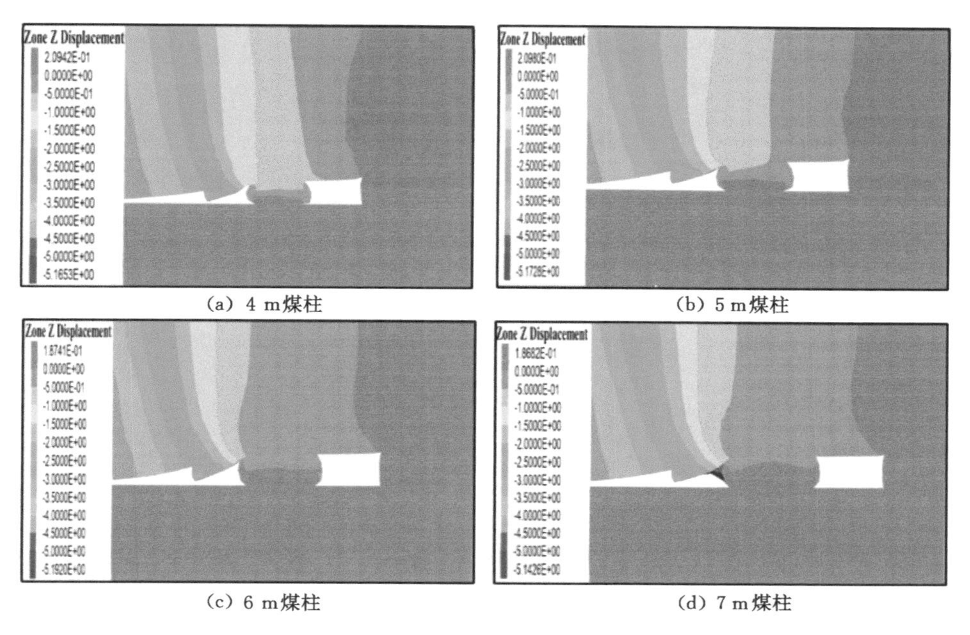

(a) 4 m煤柱　(b) 5 m煤柱

(c) 6 m煤柱　(d) 7 m煤柱

图 3-14　4 种宽度煤柱下的垂直位移云图

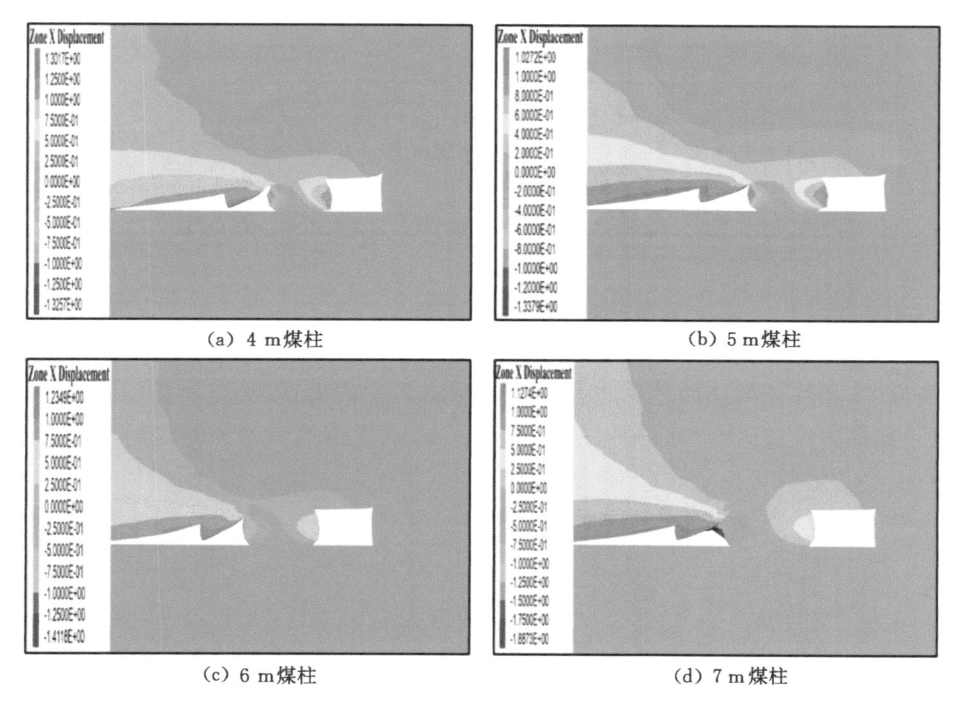

(a) 4 m煤柱　(b) 5 m煤柱

(c) 6 m煤柱　(d) 7 m煤柱

图 3-15　4 种宽度煤柱下的水平位移云图

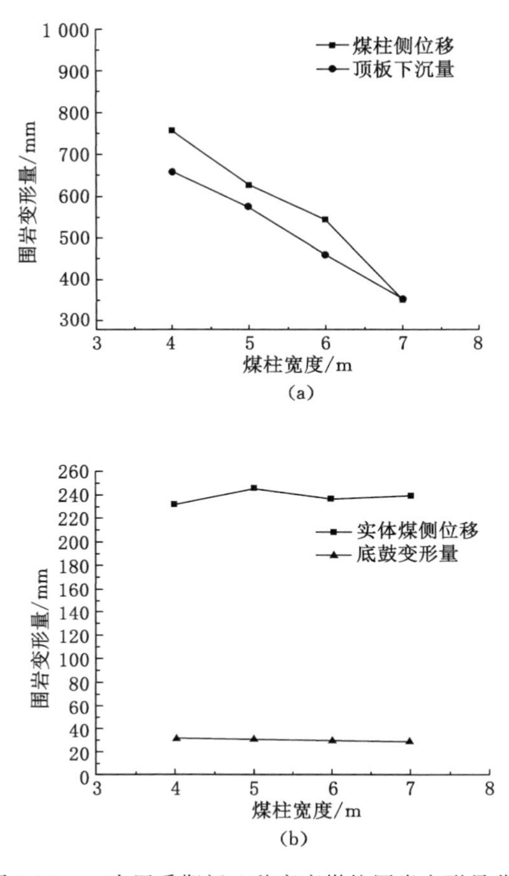

图 3-16　一次回采期间 4 种宽度煤柱围岩变形量分布曲线

通过对比一次回采期间不同煤柱宽度下巷道围岩的应力和位移,可以得出以下结论:如果煤柱宽度设置过小,巷道将无法达到应力较低的安全区域,并且在这种情况下,煤柱侧的围岩还未能形成有效的应力支承核心,从而导致围岩的破碎;另外,煤柱宽度过大会导致围岩应力集中过高,引发煤体流变和巷道的显著变形,不利于巷道的长期稳定。此外,结合石拉乌素煤矿同一盘区现场留设煤柱情况,在回采期间,煤柱宽度设置为 5 m 是一个较为合理的选择。

3.3　多次扰动巷道围岩变化特征

此节内容将讨论在 5 m 煤柱情况下,1210 工作面回采过程中工作面前方超前支承压力变化范围以及巷道围岩稳定性。

1208 工作面回采结束后，待模型模拟平衡后，回采 1210 工作面，在回采过程中，分别在 1210 工作面前方布置测线，监测其超前支承压力变化特征，分析支承压力影响范围。

其垂直应力分布云图如图 3-17 所示。

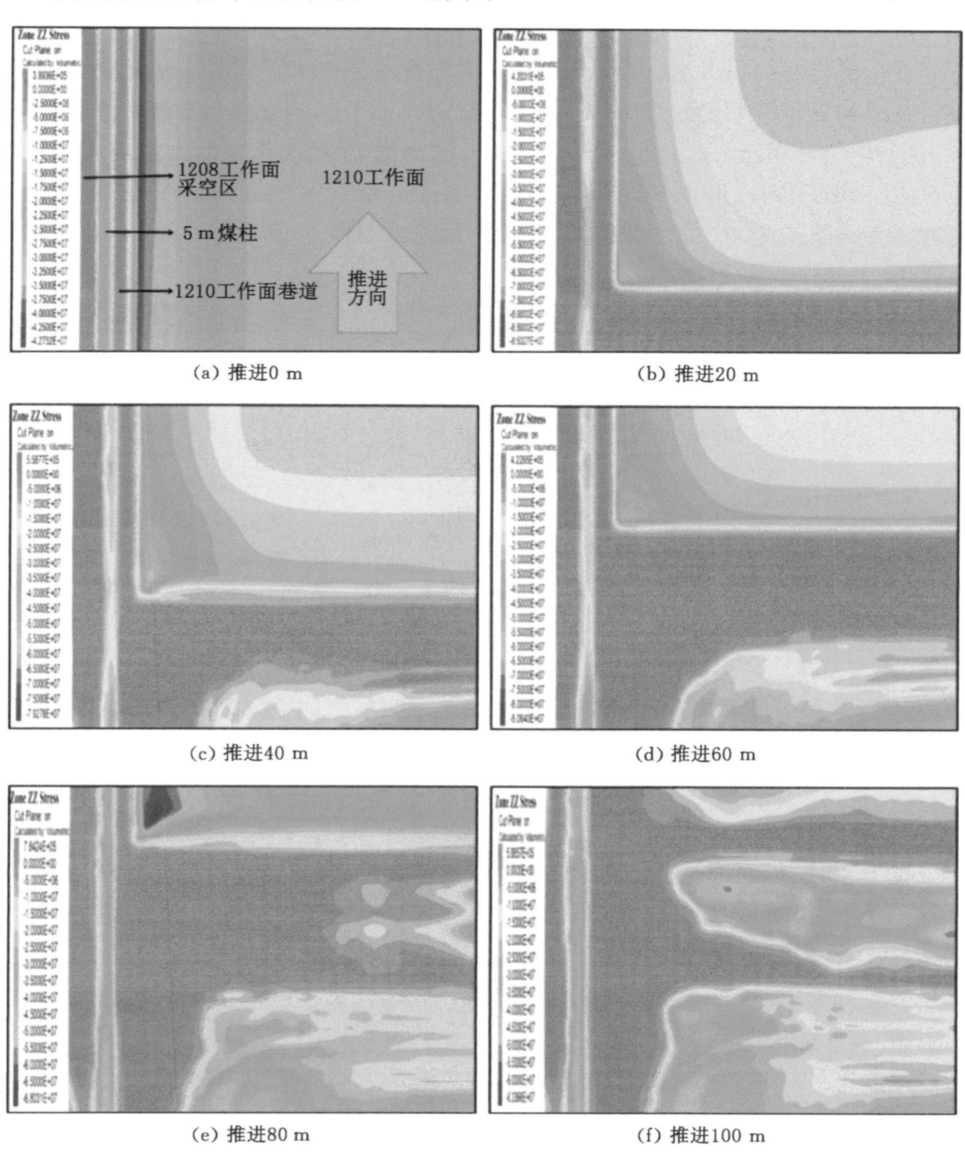

(a) 推进0 m　(b) 推进20 m

(c) 推进40 m　(d) 推进60 m

(e) 推进80 m　(f) 推进100 m

图 3-17　5 m 煤柱二次回采期间垂直应力云图

由垂直应力的切片图分析可知，1210 工作面回采前，1210 工作面距离 1210 工作面辅运巷实体煤侧 5 m 左右垂直应力增高至 42.5 MPa，这是由于煤柱两侧巷道掘进以及 1208 工作面回采过程中，1210 工作面辅运巷周边围岩应力状态发生改变，侧向支承压力增高。

在 1210 工作面回采过程中，工作面前方超前支承压力时刻发生变化。当工作面推进距离为 20 m 时，在 1210 工作面前方布置一条长为 80 m 的测线，测得工作面前方超前支承压力约在 25 m 处达到峰值 40.81 MPa；当工作面推进距离为40 m 时，在 1210 工作面前方布置一条长为 60 m 的测线，测得工作面前方超前支承压力约在 45 m 处达到峰值 35.42 MPa；当工作面推进距离为 60 m 时，在 1210 工作面前方布置一条长为 40 m 的测线，测得工作面前方超前支承压力约在 65 m 处达到峰值 40.41 MPa(图 3-18)。

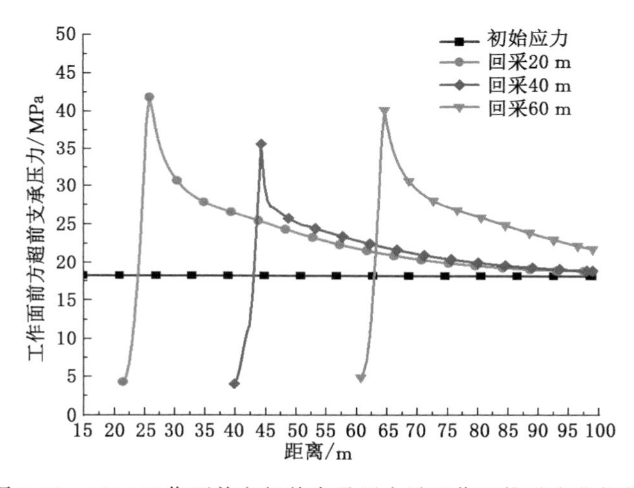

图 3-18　1210 工作面前方超前支承压力随工作面推进变化规律

在 1210 工作面回采过程中，由图 3-18 可知，在 20 m 和 60 m 处的超前支承压力近乎相等，可以初步得出工作面初次来压步距约为 20 m，周期来压步距约为 40 m。1210 工作面的巷道围岩受到本工作面采动和 1208 工作面采动产生的支承压力的叠加影响，这种影响随推进距离变化而变化，在距离工作面 30 m 范围内尤为显著。当工作面推进 20 m 和 60 m 时，分别观察到顶板初次来压和周期来压，为降低采空区悬顶风险，考虑对 1208 工作面进行提前切顶卸压。

4 小煤柱双巷掘进卸压技术研究

为应对不同工作面开采导致的动压扰动，以及其引发的巷道围岩严重变形问题，国内外学者进行了广泛研究。通过从微观结构到宏观结构的系统分析，对关键层的回转下沉机制进行了深入探究，并提出了定向爆破切顶卸压技术。该技术通过人为创建切缝来减轻由回采引起的附加应力；现如今，切顶卸压技术日益成熟，结合水力压裂、爆破切缝等多元化技术，经过大量研究与实践，实现了切顶参数的优化，确保了切缝效果与巷道围岩稳定性。

本章采用理论计算、数值模拟的方法，在已知巷道力学参数的基础上，模拟设计卸压方案，实现小煤柱强扰动下承载高应力转移，分析巷道围岩及煤柱的应力以及水平方向和垂直方向的位移变化，研究 1208 工作面卸压对巷道围岩稳定性的影响。

4.1 切顶卸压结构理论分析

由上一章内容可知，当煤柱宽度为 5 m 时，1208 工作面回采后对 1210 工作面辅运巷围岩应力分布及位移变化的影响相较掘巷期间更大，煤柱内垂直应力由 19.07 MPa增高至 34.13 MPa，增幅达 79%。此时煤柱内应力比较集中，长时间处于高应力状态下，巷道围岩难免产生流变变形。此外，1210 工作面辅运巷不仅受到 1208 工作面回采过程中工作面超前支承压力及侧向支承压力的影响，还要受到 1210 工作面回采时工作面超前支承压力及侧向支承压力的影响，不同阶段的应力叠加影响，是其变形的主要原因。为降低采空区悬顶的风险及维持巷道的长期稳定，考虑在 1208 工作面胶运巷顶板采用切顶卸压技术。

图 4-1 为切顶卸压原理示意图。

在一般的采矿作业中，如果不进行顶板切割，工作面从开切眼推进，在初次来压以前，基本顶都是四边固定的平板，不容易破裂；初次来压以后，变成了一边简支三边固支的板体[92]，如图 4-2 所示。

若进行切顶，则初次来压前即可视基本顶为一边简支、三边固支的板[92]，如图 4-3所示。

顶板在切顶作业后沿线断裂，其结构改变，关键块 B 消除，块体 A 的额外负荷

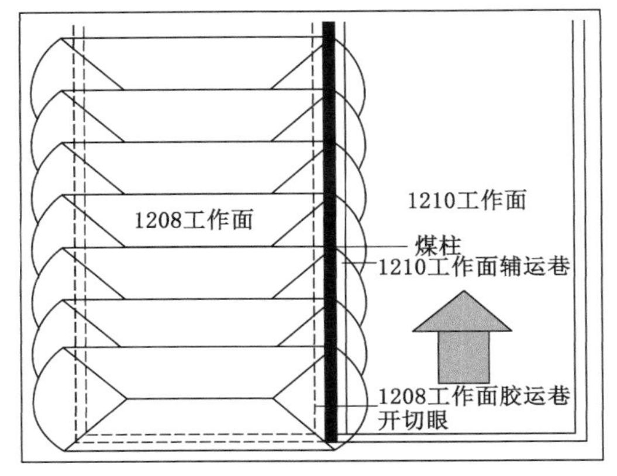

(a) 切顶前

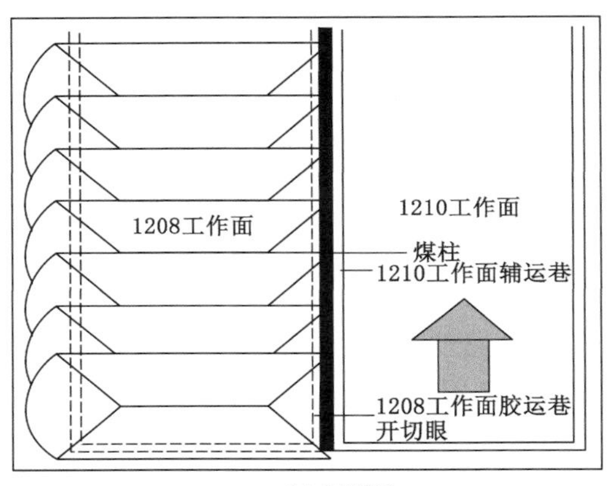

(b) 切顶后

图 4-1 切顶卸压原理示意图

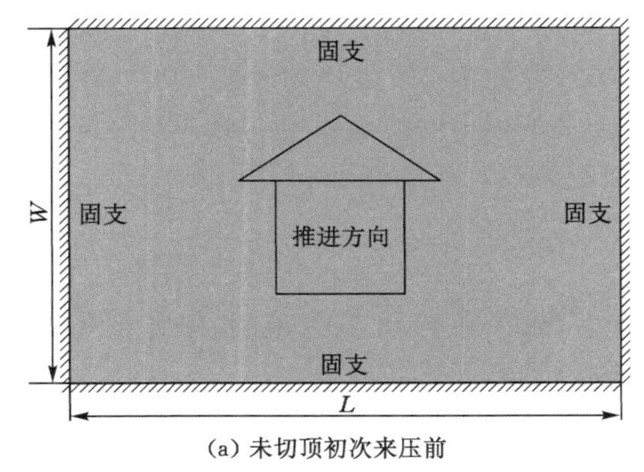

(a) 未切顶初次来压前

图 4-2 切顶前顶板支撑简化情况

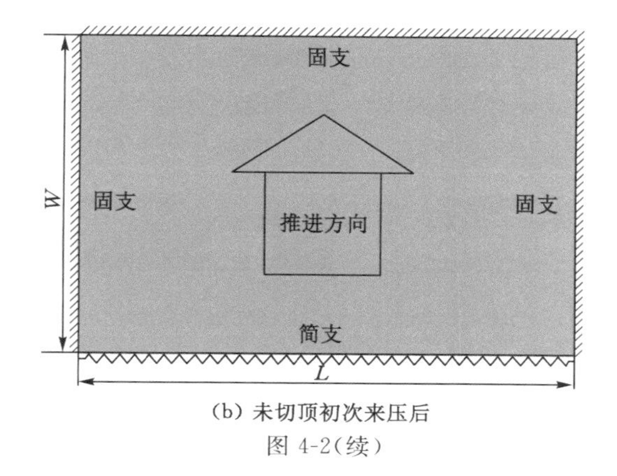

(b) 未切顶初次来压后

图 4-2(续)

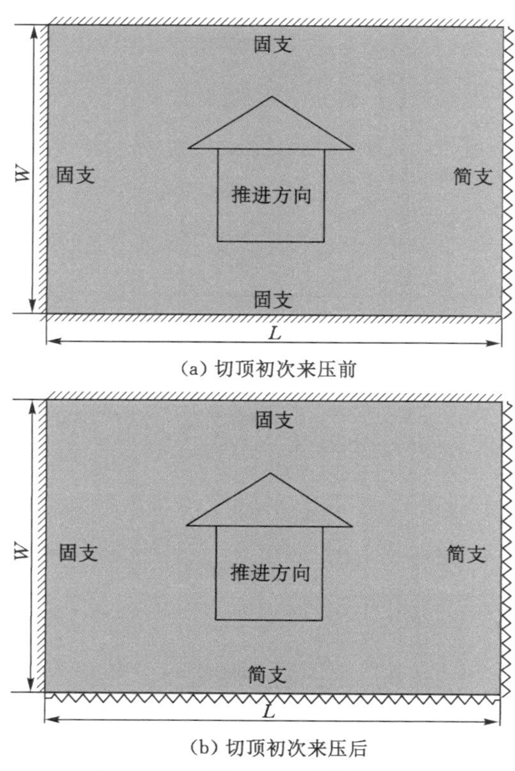

(a) 切顶初次来压前

(b) 切顶初次来压后

图 4-3 切顶后顶板支撑简化情况

减小,右侧围岩的应力有效减轻,其结构如图 4-4 所示。

如果使用切顶方法,其断裂步距可以根据式(4-1)计算,在经历初次来压后,可以根据式(4-2)来确定断裂步距[92]:

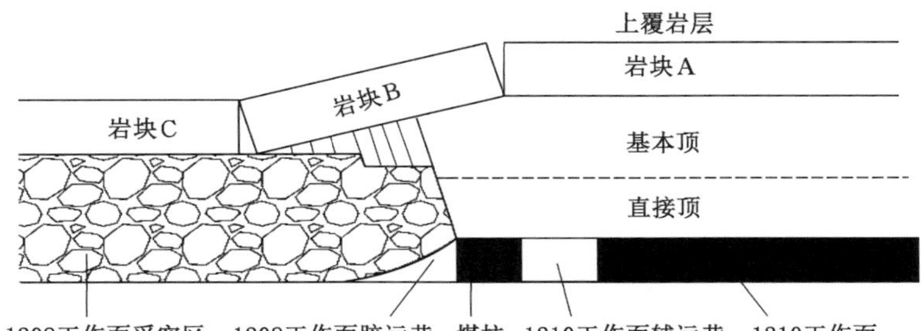

图 4-4 沿空巷道与上覆岩层关系示意图

$$L_1=\frac{2H_m}{1-\mu^2}\sqrt{\frac{\sigma_t}{q}\frac{2+\lambda^4}{4+3\mu\lambda^2}} \tag{4-1}$$

$$L_2=\frac{2H_m}{1-\mu^2}\sqrt{\frac{\sigma_t}{3q}\frac{1+\lambda^4}{4+\mu\lambda^2}} \tag{4-2}$$

式中 H_m——基本顶厚度,m;

q——基本顶上方载荷,N;

σ_t——基本顶抗拉强度,Pa;

μ——泊松比;

λ——几何形状系数,$\lambda=L/W$。

两式相减得:$L_1-L_2=\frac{2H_m}{1-\mu^2}\sqrt{\frac{\sigma_t}{q}}\left(\sqrt{\frac{2+\lambda^4}{4+3\mu\lambda^2}}-\sqrt{\frac{1+\lambda^4}{12+3\mu\lambda^2}}\right)$,而 $2+\lambda^4>1+\lambda^4$,$4+3\mu\lambda^2<12+3\mu\lambda^2$,故可知 $\sqrt{\frac{2+\lambda^4}{4+3\mu\lambda^2}}>\sqrt{\frac{1+\lambda^4}{12+3\mu\lambda^2}}$,$L_1-L_2>0$。

实施切顶措施之后,1208 工作面的顶板垮落步距缩短,可以有效缓解了顶板来压现象,此外,对维持 1210 工作面辅运巷围岩稳定有着积极的作用。

4.2 切顶参数

在 1208 工作面回采后,1208 工作面胶运巷上方的顶板形成了“砌体梁”结构。对顶板进行切顶操作,可以使该区域形成“短臂梁”结构。“短臂梁”结构的稳定对于围岩的稳定和留巷质量具有直接影响。

1208 工作面采空区顶板的破断和垮落形式,对于“短臂梁”结构的稳定性有着非常重要的作用。选择合理的切顶位置、高度和角度,可以确保采空区侧顶板能够顺利破断并垮落,避免工作面悬顶距离过长,从而可以有效地控制石拉乌素煤矿 1210 工作面“短臂梁”结构的稳定性,使 1210 工作面辅运巷围岩得到稳定控制。

4.2.1 切顶位置及角度

选择在 1208 工作面胶运巷顶板右侧进行切顶，以便 1208 工作面回采后，上覆岩层能够完全垮落，从而减轻对煤柱及 1210 工作面辅运巷围岩的影响，确保其能够长期稳定。

钻孔角度 α 在顶板定向预裂作业中随巷道尺寸而异。考虑岩石种类及顶板垮落等因素也是必要的。预制切顶线在基本顶边缘裂开，分析表明，岩块 B 缺失后，A 与 C 咬合，C 沿切线滑动失稳导致顶板垮落，C 的铰接点受力情况如图 4-5 所示。

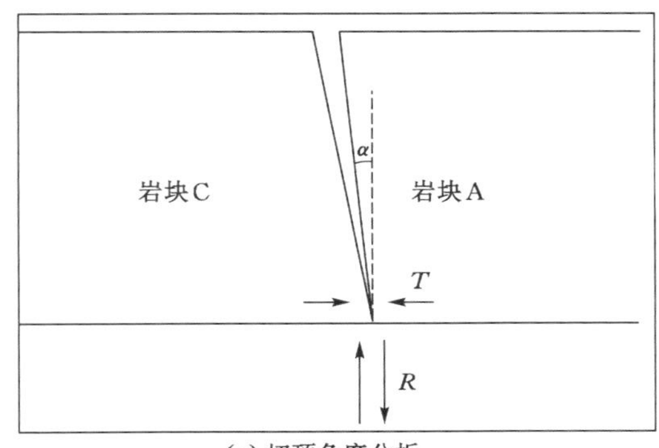

(a) 切顶角度分析

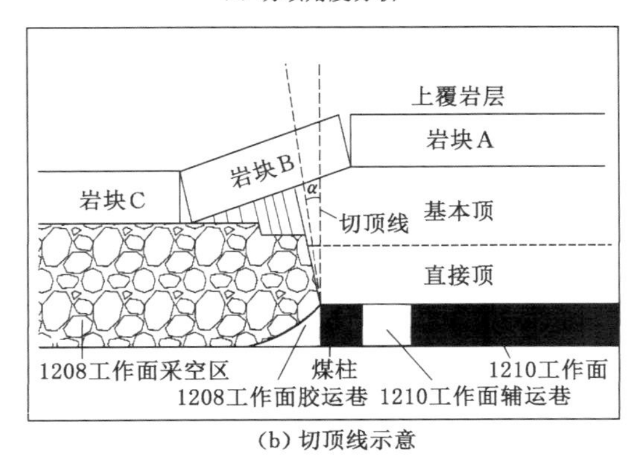

(b) 切顶线示意

图 4-5 切顶角度及位置分析示意图

岩块 C 失稳的临界条件如下[89]：

$$T\sin(\varphi-\alpha) \geqslant R\cos(\varphi-\alpha) \tag{4-3}$$

即

$$\alpha \leqslant \varphi - \arctan\left(\frac{R}{T}\right) \tag{4-4}$$

式中　T ——岩块所受的水平压力，kN；

R ——岩块受到的剪切力，kN；

φ ——岩块间的摩擦角，(°)。

由平衡条件可知，T 可简化为 $T=\frac{qL^2}{2(h-\Delta s)}$，$R=qL$，将其代入式(4-4)可得：

$$\alpha \leqslant \varphi - \arctan\left(\frac{2(h-\Delta s)}{L}\right) \tag{4-5}$$

式中　q ——岩块 C 的载荷集度，kN；

h ——基本顶的岩层厚度，m；

Δs ——岩块 C 的下沉量，m；

L ——跨距，m。

假设最左端位置先接触矸石，则其下沉量 Δs 可按式(4-6)计算[89]：

$$\Delta s = M\eta - \sum h(K_p - 1) \tag{4-6}$$

式中　M——工作面采高，m；

η ——工作面回采率；

$\sum h$ ——直接顶厚度，m；

K_p ——碎胀系数。

其中，M 取 5 m，h 为基本顶厚度，取 18 m，L 为基本顶岩块跨距，取 20 m，厚煤层 η 取 93%，$\sum h$ 取 4 m，K_p 取 1.35，岩块间的摩擦角 φ 取 38°～45°。将相关数据代入式(4-5)和式(4-6)得 α 范围：10.86°～17.8°，故此，对 1208 工作面选取 0°、13°、15°、17°切顶角度，其中 0°为垂直巷道顶板方向，作为另外三组参照。

4.2.2　切顶高度

选择合适的切顶高度，对确保垮落后的顶板能充分填充采空区域，以及为上层岩石和“短臂梁”结构提供稳固支持，是至关重要的。此外，切顶高度还应足够大以确保能有效切断关键岩层，以达到减压的效果。一般而言，采空区顶板崩塌的模式主要分为两类：一是直接顶的破碎垮落；二是基本顶通过回转变形而断裂。

若切顶仅限于直接顶岩层，采空区旁的顶板岩石将破碎垮落，并可能与上方岩层之间发生分层。若切顶未涵盖基本顶岩层，工作面推进后，基本顶仍可能旋转断裂，影响留巷稳定，则切顶未能有效卸压。

若切顶涵盖基本顶岩层，采空区顶板首先出现直接顶断裂，紧接着基本顶回转断裂。工作面推进时，切断基本顶以维护巷道稳定，故确保切顶包括基本顶岩层对巷道稳定性至关重要。

根据关键层理论，采空区侧第 i 层岩层悬臂长度可根据式(4-7)近似计算[89]：

$$a_i = h_i \sqrt{\frac{\sigma_{t(i)}}{3(q_{i+n})_i}} \tag{4-7}$$

式中 α_i ——第 i 层岩层的悬臂长度,m;

h_i—— 第 i 层岩层的厚度,m;

$\sigma_{t(i)}$—— 第 i 层岩层的抗拉强度, Pa;

$(q_{i+n})_i$—— 第 i 层岩层的载荷, kN。

当满足条件 $a_i \geqslant a_{i+1}, a_i \geqslant a_{i+2}, a_i \geqslant a_{i+j}$ 时, 上覆岩层与第 i 层岩层一同断裂,影响到第 $i+1$ 至第 $i+j$ 层岩层。

为使切落的岩层充满采空区,切顶高度通常按式(4-8)计算[92]:

$$H_1 \geqslant \frac{M - \Delta H_1 - \Delta H_2}{K_p - 1} \tag{4-8}$$

式中 H_1—— 切顶高度, m;

M—— 采高, m;

ΔH_1—— 顶板下沉量, m;

ΔH_2—— 底鼓量, m;

K_p—— 碎胀系数。

根据石拉乌素煤矿 1208 工作面顶板岩性实测结果, K_p 取 1.35,M 为 5.18 m, 在忽略顶底板变形量后,代入相关数据可得 $H_1 \geqslant 14.2$ m,故切顶高度至少为 14.2 m。

4.2.3 模拟方案

结合上文理论计算,对上述所得切顶角度及高度进行划分,采用 FLAC^{3D} 对不同方案进行模拟,构建的模型尺寸同样为 186 m×100 m×62 m。考虑切顶高度大于 14.2 m,为了达到预期切顶效果和维持巷道长期稳定,切顶范围应尽量包含基本顶岩层,故此,在不同切顶角度的情况下切顶高度均选取不同值,切顶位置位于 1208 工作面胶运巷距煤柱侧 500 mm 处,钻孔直径 80 mm。1208 工作面的切顶模拟方案详见表 4-1,方位示意图如图 4-6 所示。

表 4-1 切顶模拟方案

模拟方案	Ⅰ	Ⅱ	Ⅲ	Ⅳ
切顶角度/(°)	0	13	15	17
切顶高度/m	22	23.6	23.9	24.1

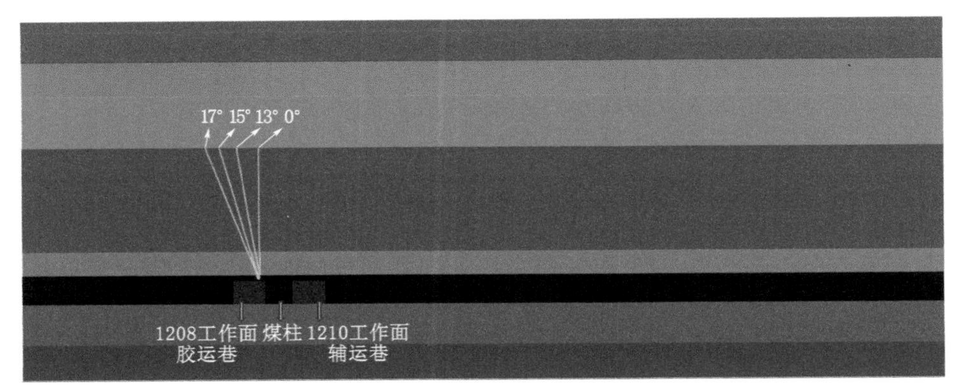

图 4-6　模型切顶方案示意图

4.3　模拟结果及分析

采用上述的切顶方案对 1208 工作面模拟采矿作业，并在采空区稳定后，对煤柱和巷道围岩的应力与变形进行测量。通过分析测量数据，讨论了不同切顶方案下巷道围岩稳定性的差异，以确定最优的切顶方案。

4.3.1　切顶卸压围岩应力演化特征

未切顶 1208 工作面回采后的应力云图如图 4-7 所示。

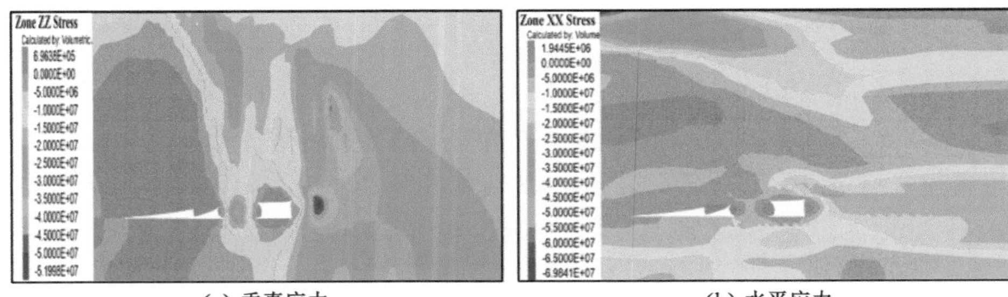

(a) 垂直应力　　(b) 水平应力

图 4-7　未切顶 1208 工作面回采后的应力云图

不同切顶方案下模拟的垂直应力云图如图 4-8 所示。

等待上述模型运算平衡后，在 1208 工作面回采后，分别在不同切顶角度的煤柱内布置测线，测线位于 1210 工作面辅运巷两帮中部，各自分别向水平方向延伸，1210 工作面辅运巷右侧水平延伸 130 m，此外，在 1210 工作面辅运巷顶板左侧布置测线，沿巷道垂直方向延伸 136 m，分别监测巷道围岩在不同切顶角度下的垂直应力变化。

从图 4-9 中观察到，在 13°和 17°的切顶角度下，煤柱内部的垂直应力分布近似

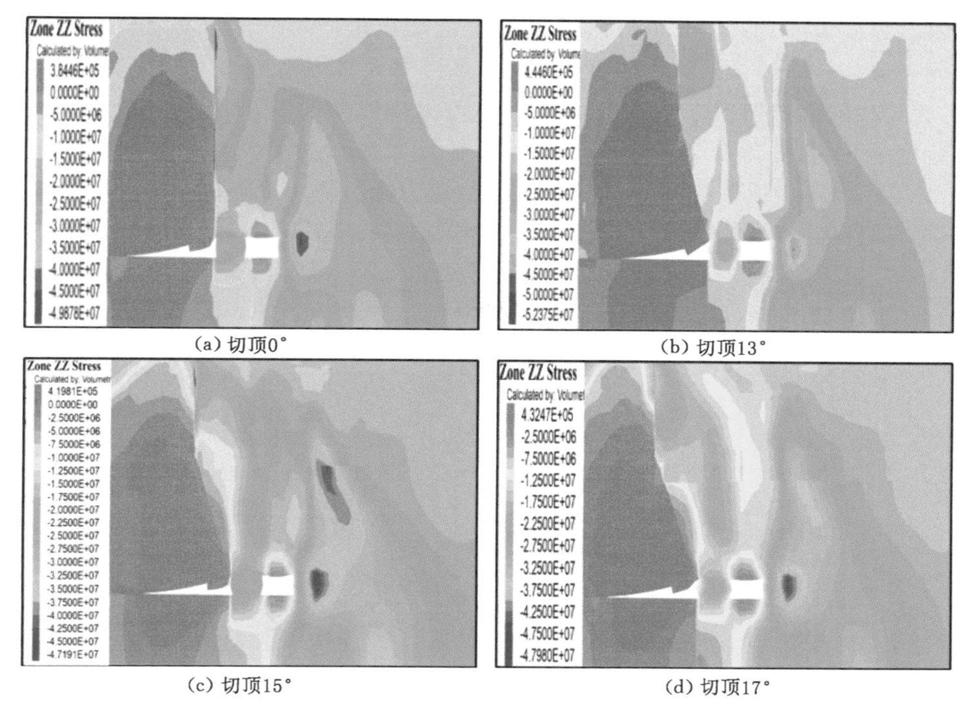

图 4-8 不同切顶方案下垂直应力云图

于正态分布曲线，其峰值出现在煤柱的中心区域。在切顶角度为 0°和 15°的情况下，煤柱内的垂直应力分布类似于“梯形”，同样存在峰值应力。0°切顶角度时峰值应力靠近煤柱的左侧壁；15°切顶角度时，峰值应力则出现在煤柱的右侧壁。

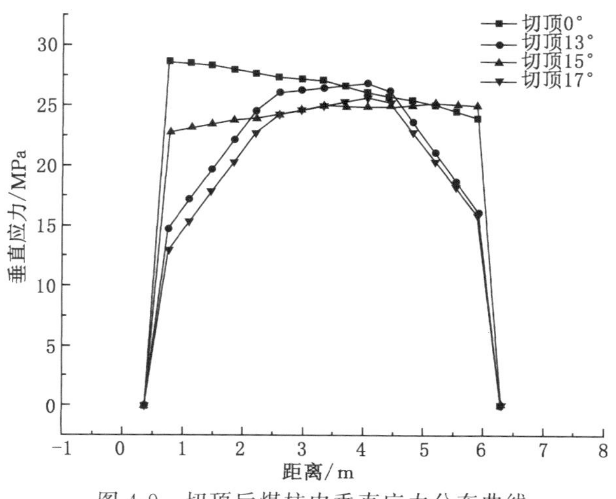

图 4-9 切顶后煤柱内垂直应力分布曲线

在煤柱内部，垂直方向上的应力峰值会因切顶角度的差异而呈现各不相同的变化趋势(图 4-10)。未切顶时，垂直应力峰值在煤柱内达到 34.13 MPa，与之相比，无论采取哪种切顶方案，煤柱内的垂直应力峰值均低于 34.13 MPa。例如，切顶角度为 0°时，峰值降至 28.57 MPa，降幅为 5.56 MPa，相较未切顶的情况降低了 16.29%。随着切顶角度的增大，煤柱的垂直应力峰值呈现下降趋势。切顶角度为 13°时，垂直应力峰值降至 26.86 MPa，降幅为 7.27 MPa，相较未切顶时降低了 21.30%；切顶角度为 15°时，垂直应力峰值降至 24.95 MPa，降幅为 9.18 MPa，相较未切顶时降低了 26.90%。

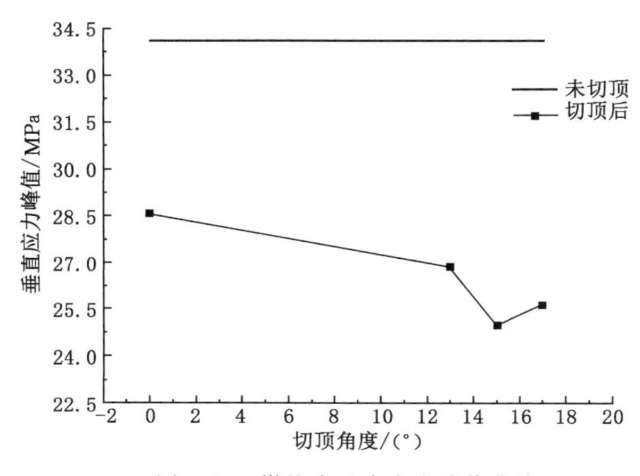

图 4-10 煤柱内垂直应力峰值曲线

然而，切顶角度为 17°时，煤柱内垂直应力峰值为 25.65 MPa，降幅为 8.48 MPa，相较 15°时煤柱内应力峰值反而有少许增加，造成此现象的原因可能是随着切顶角度的增加，煤柱上方悬臂梁的长度在一定程度上增加，煤柱上方的重力载荷增大，从而导致垂直应力升高，此时煤柱内垂直应力峰值与未切顶时相比降低了 24.85%。

由垂直应力分布云图可见，1208 工作面的开采活动对周围环境造成了显著的扰动，导致 1210 工作面辅运巷的围岩应力状况不佳。在未进行切顶前，1210 工作面辅运巷的顶板经受着 49.96 MPa 的侧向支承压力，与周围原岩应力相比，巷道顶板的垂直应力增加，增加了冒顶的风险。因此，通过切断顶板与采空区之间的连接，可以有效减小由 1208 工作面开采引起的侧向支承压力，这一措施改变了基本顶原始应力的传递途径，显著降低了采空区附近煤柱和 1210 工作面辅运巷围岩所承受的应力，进而主动控制了围岩压力，提高了巷道的稳定性和安全性。1210 工作面辅运巷顶板垂直应力分布曲线如图 4-11 所示。

因此，一次回采期间从垂直应力的分布及峰值变化规律来看，选择切顶方案Ⅲ

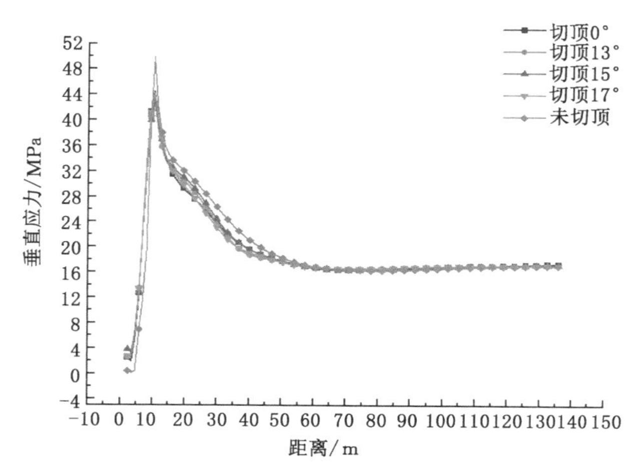

图 4-11 1210 工作面辅运巷顶板垂直应力分布曲线

或方案Ⅳ较为合理。

不同切顶方案下的水平应力云图如图 4-12 所示。

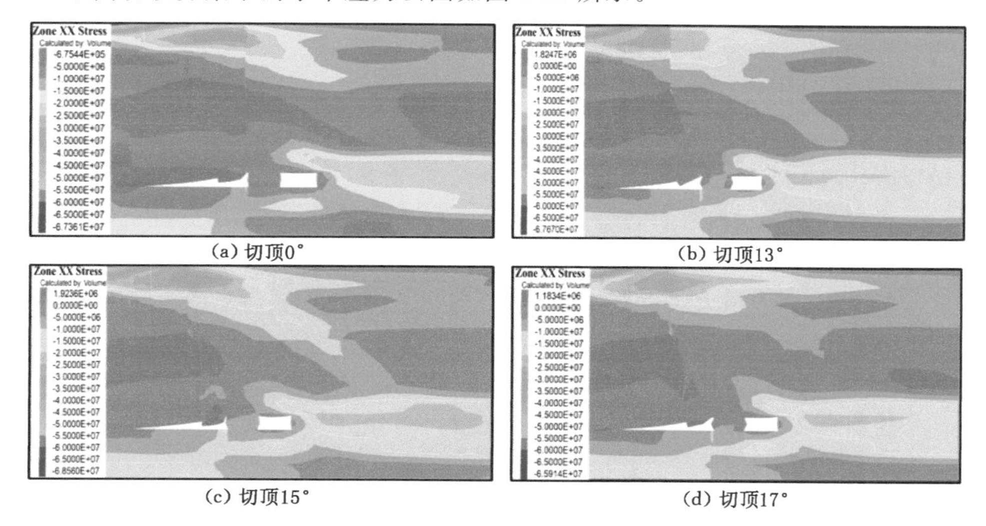

图 4-12 不同切顶角度水平应力云图

同理,等待上述模型应力平衡后,在 1208 工作面回采后,分别在不同模型体内布置测线,测线位于 1210 工作面辅运巷两帮中部,各自向水平方向延伸,1210 工作面辅运巷右侧水平延伸 130 m,此外,在 1210 工作面辅运巷顶板布置测线,向 1210 工作面方向延伸 136 m,分别监测巷道围岩在不同切顶情况下的水平应力变化。

由图 4-13 可知，切顶角度为 13°和 17°时，煤柱内部的水平应力分布近似于正态分布曲线，且在煤柱的中心区域出现应力峰值；切顶角度分别为 0°和 15°的情况下，煤柱内部的水平应力分布类似于一个“梯形”曲线，煤柱中也存在水平应力峰值，切顶角度为 0°时峰值应力在煤柱左侧，切顶角度为 15°时峰值应力位于煤柱右侧。

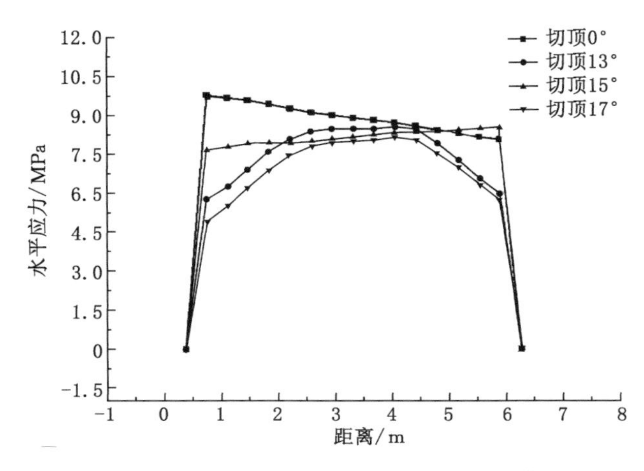

图 4-13　切顶后煤柱内水平应力分布曲线

煤柱内水平应力峰值随着切顶角度的不同而呈现出不同变化趋势(图 4-14)。未切顶时，煤柱中水平应力峰值为 9.72 MPa，相比之下，无论采用哪种切顶方案，煤柱中的水平应力峰值均未超过 9.72 MPa。切顶角度为 0°时，水平应力峰值降至 9.54 MPa，减少了 0.18 MPa，降低了 1.85%。随着切顶角度的增大，煤柱内部的垂直应力峰值总体呈现下降的趋势。例如，切顶角度为 13°时，水平应力峰值降至 8.55 MPa，降幅为 1.17 MPa，降低了 12.04%，切顶角度为 17°时，水平应力峰值降至 8.14 MPa，降幅为 1.58 MPa，下降了 16.26%。

切顶角度为 15°时，煤柱内水平应力峰值为 8.56 MPa，降幅为 1.16 MPa，相较切顶 13°时，煤柱内水平应力峰值反而有少许增加，造成此现象的原因可能是随着切顶角度的增加，煤柱上方悬臂梁的长度在一定程度上增加，也可能是当切顶角度为 15°时，1208 工作面回采后上覆岩层垮落效果较好，对煤柱左侧壁产生了一定的挤压，故此，煤柱内的水平应力升高。此时煤柱内水平应力峰值与未切顶时相比降低约 11.93%。

由水平应力云图也可以看出，受 1208 工作面回采扰动影响，未切顶时 1210 工作面辅运巷周边围岩受力状态较差，1210 工作面辅运巷顶板所受侧向支承压力为 26.85 MPa，相较原岩应力，巷道顶板水平应力增大，易发生冒顶事故。故此，通过切断采空区与顶板的联系，减小 1208 工作面回采所产生的侧向支承压力，有效调

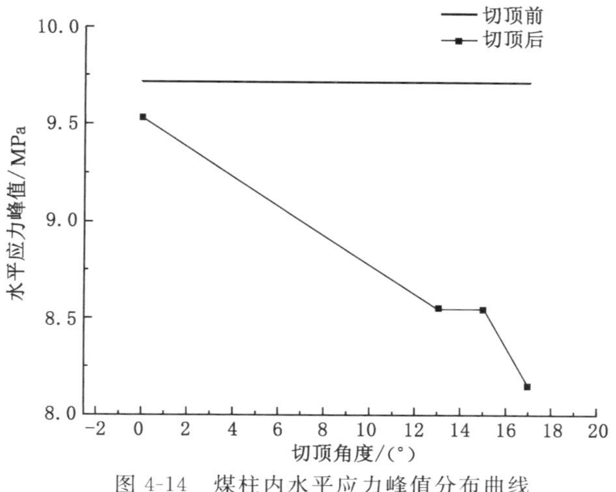

图 4-14 煤柱内水平应力峰值分布曲线

整了基本顶的原有应力传递路径，显著减轻了采空区侧向煤柱及 1210 工作面辅运巷围岩所承受的应力，实现了对围岩压力的主动调控，有效提高了巷道的稳定性。1210 工作面辅运巷顶板水平应力分布曲线如图 4-15 所示。

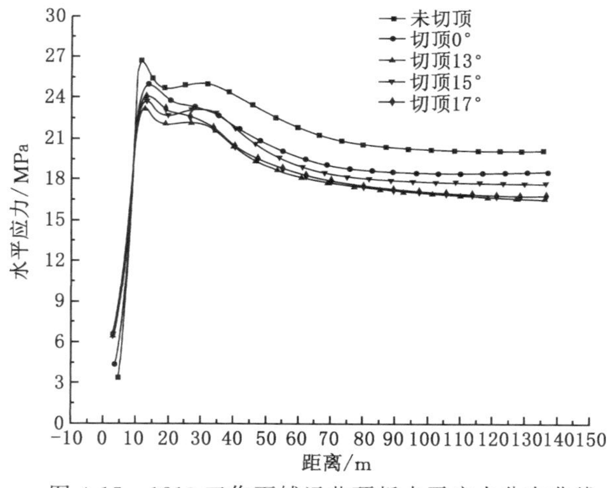

图 4-15 1210 工作面辅运巷顶板水平应力分布曲线

因此，一次回采期间从水平应力的分布及峰值变化规律来看，选择切顶方案Ⅲ或方案Ⅳ较为合理。

由上述分析可知，相较未切顶，四种切顶方案无论切顶角度为多少，煤柱内的应力峰值均会降低。由图 4-16 可知，随着切顶角度的增大，煤柱内垂直应力和水平应力的峰值降低幅度呈现不同的变化趋势。

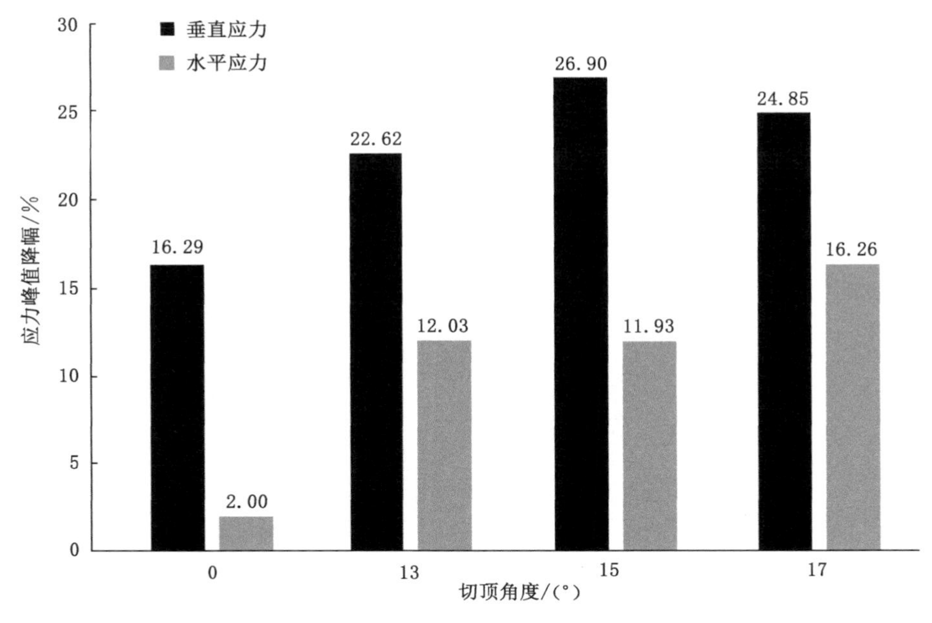

图 4-16　切顶后应力峰值降幅柱状图

一方面,当切顶角度为 0°、13°、15°时,煤柱内垂直应力峰值降幅随着切顶角度的增大而与之呈正相关关系,切顶角度为 17°时,垂直应力峰值降幅相较切顶角度 15°时下降较少,但仍高于切顶角度为 0°与 13°时的值。在切顶角度为 15°时,垂直应力峰值降幅达到了最大值:26.9%,煤柱的完整性可得到较好的保障,从垂直应力峰值降幅来看,方案Ⅲ较好。

另一方面,从图 4-16 中可以看出,无论采用哪种切顶方案,其水平应力峰值降幅均低于垂直应力峰值降幅,且降幅较低。当切顶角度为 17°时,水平应力峰值降幅约为切顶角度为 0°时的 9 倍左右,当切顶角度为 13°、15°时,二者水平应力峰值降幅相差较小,从水平应力峰值降幅来看,方案Ⅳ较好。

综上,从煤柱以及巷道围岩应力的角度综合来看,方案Ⅲ即切顶角度为 15°对巷道围岩与煤柱内垂直应力与水平应力调控效果最优,下面将从巷道围岩变形方面进行进一步论证。

4.3.2 切顶卸压围岩变形破坏特征

未切顶 1208 工作面回采后的位移云图如图 4-17 所示。

不同切顶方案模拟的位移云图如图 4-18 和图 4-19 所示。

从图 4-20 中可以看出,4 种切顶方案下,1210 工作面辅运巷顶板的位移均低

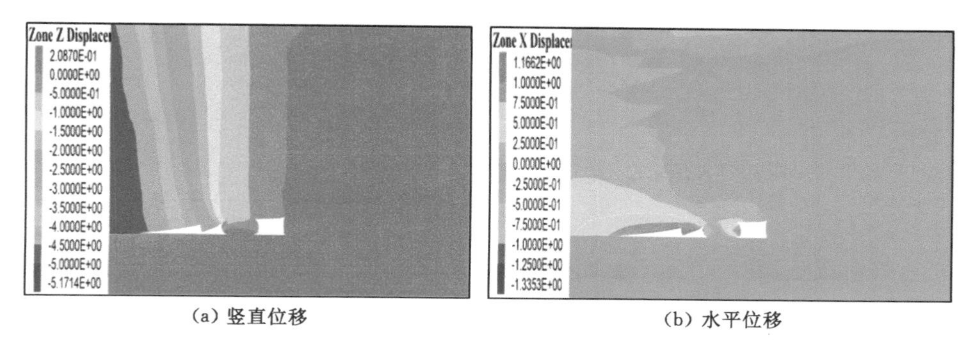

(a) 竖直位移　　(b) 水平位移

图 4-17　未切顶 1208 工作面回采后的位移云图

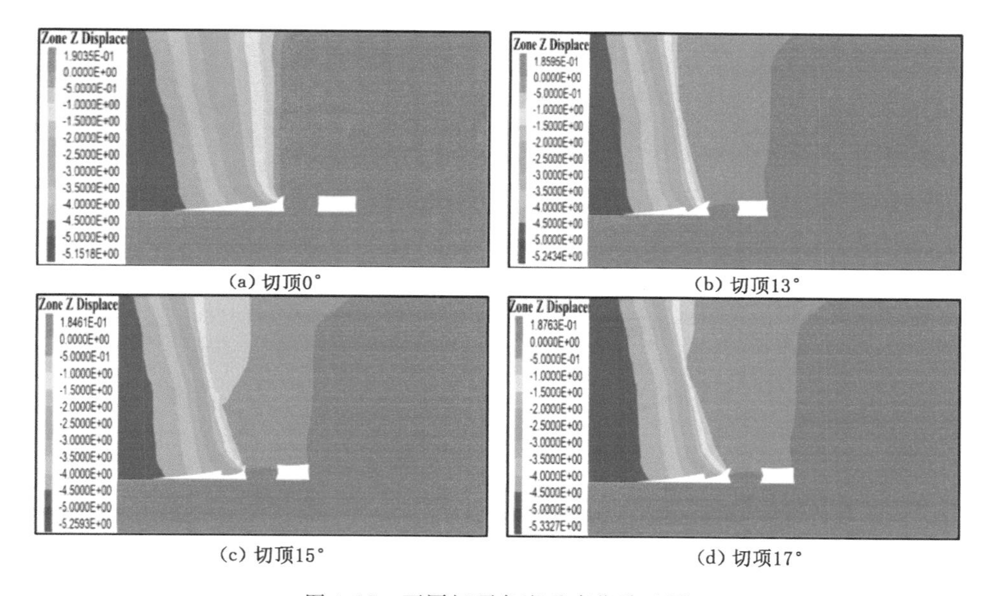

(a) 切顶0°　　(b) 切顶13°

(c) 切顶15°　　(d) 切顶17°

图 4-18　不同切顶角度垂直位移云图

于未切顶时。此外，4 种切顶方案顶板位移分布曲线大致呈现正态分布，在巷道顶板中心位置出现峰值。切顶角度为 0°时，顶板峰值位移为232 mm，相比未切顶时顶板峰值位移的 696 mm，降低了 464 mm，降低了 66.67%。切顶角度为 13°和 17°时，巷道顶板位移分布曲线变化趋势相同，均在巷道顶板中心左侧 1 m 处出现峰值，分别为 423 mm 和 467 mm，与未切顶时顶板峰值位移相比分别降低了 39.22%、32.90%。切顶角度为 15°时，顶板峰值位移为 552 mm，与未切顶时相比降低了 20.69%。

单从切顶后顶板位移变化曲线图来看，切顶角度为 0°时效果最好，切顶角度

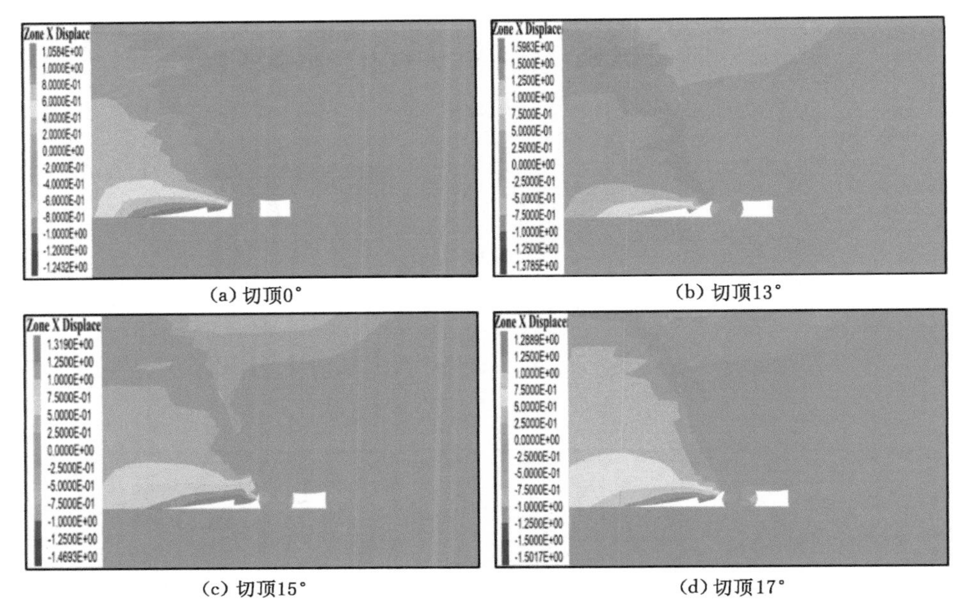

(a) 切顶0°　　(b) 切顶13°

(c) 切顶15°　　(d) 切顶17°

图 4-19　不同切顶角度水平位移云图

为 13°时次之,再次为切顶角度 17°,切顶角度为 15°时变形控制效果略差。下面从煤柱两侧壁位移角度探讨切顶对煤柱两侧壁变形的控制效果。

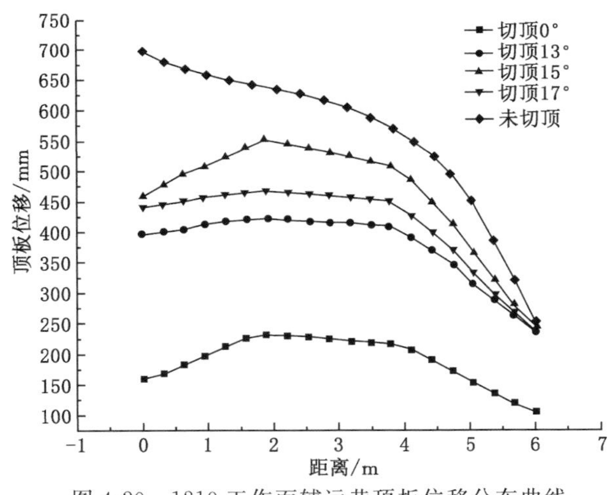

图 4-20　1210 工作面辅运巷顶板位移分布曲线

从图 4-21 中可以看出,4 种切顶方案下,煤柱左侧壁底板 0～2.5 m 位置,位移均低于未切顶时。此外,4 种切顶方案煤柱左侧壁位移曲线大致呈现正态分布,且在煤柱左侧壁中心位置出现峰值,切顶角度为 0°时,煤柱左侧壁最大位移为

298 mm,相比未切顶时煤柱左侧壁最大位移 735 mm,降低了 59.46%;切顶角度为 13°和 17°时,煤柱左侧壁位移曲线变化趋势相同,均在煤柱左侧壁中心位置出现峰值位移,分别为551 mm和 567 mm,与未切顶期间煤柱左侧壁最大位移相比分别降低了 25.03%、22.86%;切顶角度为 15°时,煤柱左侧壁最大位移为505 mm,与未切顶期间煤柱左侧壁最大位移相比降低了 31.29%。

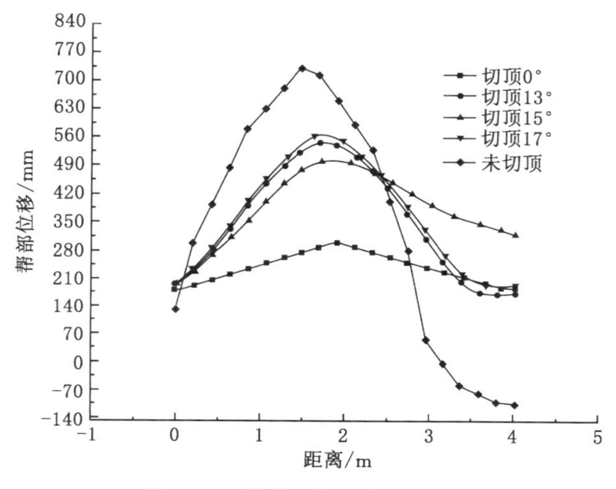

图 4-21　煤柱左侧壁位移分布曲线

单从切顶后煤柱左侧壁位移变化曲线来看,切顶角度为 0°时效果最好,切顶角度为 15°时次之,再次为切顶角度 13°,切顶角度为 17°时变形控制效果略差。下面从煤柱右侧壁位移角度进一步探讨切顶对煤柱两侧壁变形的控制效果。

从图 4-22 中可以看出,4 种切顶方案下,煤柱右侧壁的位移均低于未切顶时。此外,4 种切顶方案煤柱右侧壁位移曲线大致呈现正态分布,且在煤柱右侧壁中心位置出现峰值。切顶角度为 0°时,煤柱右侧壁最大位移为 32 mm,相比未切顶时煤柱右侧壁最大位移 776 mm,降低了 95.88%;切顶角度为 13°和 17°时,煤柱右侧壁位移曲线变化趋势相同,均在煤柱右侧壁中心位置出现峰值,分别为 289 mm 和 308 mm,与未切顶期间煤柱右侧壁最大位移相比分别降低了 62.76%、60.31%;切顶角度为 15°时,煤柱右侧壁最大位移为 218 mm,与未切顶期间煤柱右侧壁最大位移相比降低了 71.91%。

单从切顶后煤柱右侧壁位移变化曲线来看,切顶角度为 0°时效果最好,切顶角度为 15°时次之,再次为切顶角度 13°,切顶角度为 17°时变形控制效果略差。下面从 1210 工作面辅运巷底板位移角度进一步探讨切顶对巷道围岩变形的控制效果。

从图 4-23 中可以看出,4 种切顶方案下,1210 工作面辅运巷底鼓量均低于未

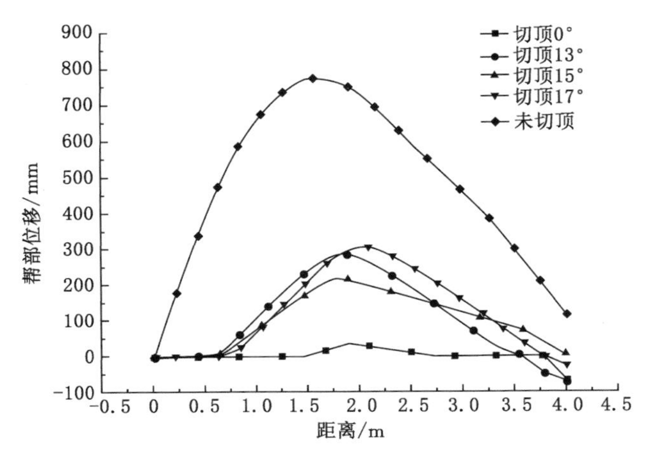

图 4-22 煤柱右侧壁位移分布曲线

切顶时。此外，4 种切顶方案底鼓量曲线大致呈现正态分布，且在巷道底板中心左侧 1 m 位置左右底鼓量最大。其中，切顶角度为 0°时，底板最大位移为 28 mm，相比未切顶时底板最大位移 30 mm，降低了 6.67%；切顶角度为 13°和 17°时，巷道底板位移曲线变化趋势相同，均在巷道底板中心左侧 1 m 处出现峰值，分别为 25 mm和 26 mm，与未切顶期间底板最大位移相比分别降低了 16.67%、13.33%；当切顶角度为 15°时，顶板最大位移为 29 mm，与未切顶期间底板最大位移相比降低了3.33%。

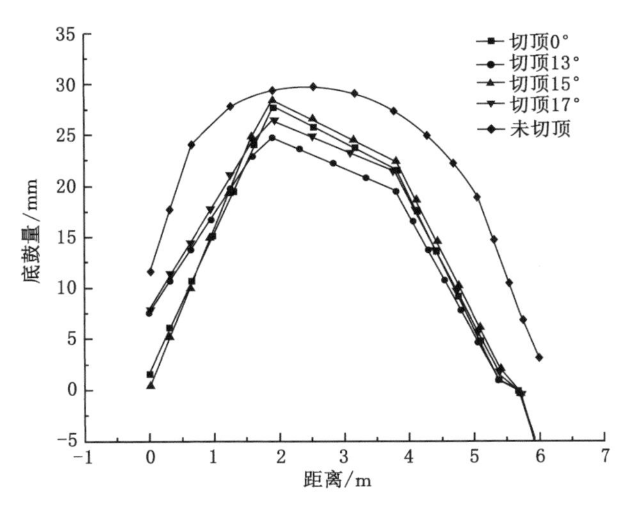

图 4-23 1210 工作面辅运巷底鼓量分布曲线

单从切顶后底板位移变化曲线来看,切顶角度为13°时效果最好,切顶角度为17°时次之,再次为切顶角度0°,切顶角度为15°时变形控制效果略差。

从上述内容可以得知,相较未切顶,四种切顶方案无论切顶角度为多少,煤柱两帮及1210工作面辅运巷顶底板位移峰值均会降低。由图4-24可知,随着切顶角度的变化,四者的位移峰值降幅呈现不同的变化趋势。

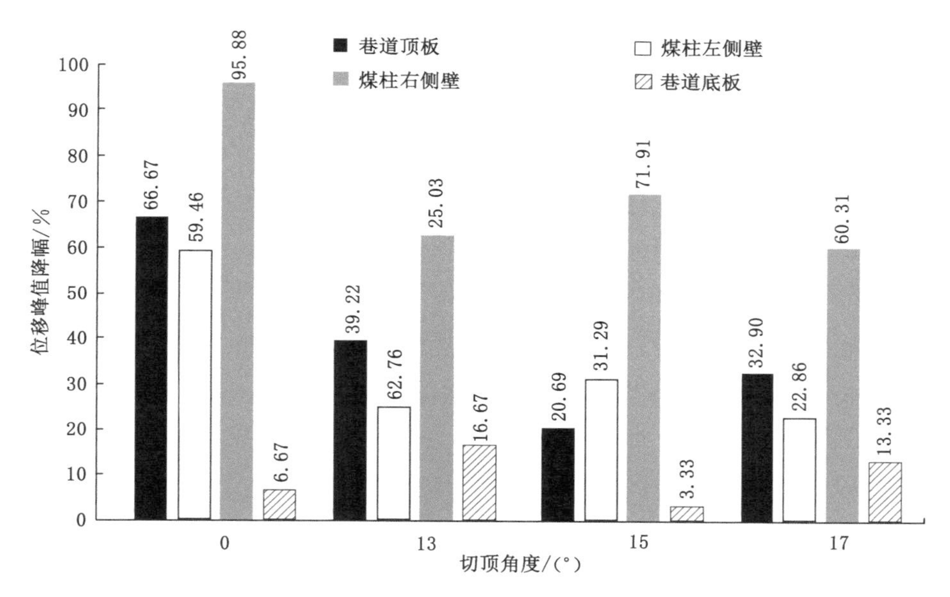

图4-24 切顶后位移峰值降幅柱状图

一方面,切顶角度为13°、15°、17°时,煤柱两侧壁位移峰值降幅随着切顶角度的增大呈现先升高后降低的趋势。切顶角度为17°时,煤柱两侧壁位移峰值降幅相较切顶角度13°时小,但两者相差较小且不足3%。切顶角度为15°时,煤柱两侧壁位移峰值降幅均比切顶角度13°、15°时要大,其值分别达到了31.29%和71.91%,此时煤柱两侧壁位移峰值相较未切顶时分别降低了约2/3和约1/3。此外,切顶角度为0°时,煤柱两侧壁位移峰值降幅均比较大,煤柱的完整性可得到进一步保障。从煤柱两侧壁位移峰值降幅来看,方案Ⅰ与方案Ⅲ效果较好。

另一方面,从图中可以看出,无论哪种切顶方案,1210工作面辅运巷顶、底板位移峰值降幅均低于未切顶时巷道顶、底板位移峰值降幅,但不同的切顶方案二者间的位移峰值降幅相差较大。切顶角度为0°、13°、15°、17°时,巷道顶板围岩位移峰值降幅呈现先降低后升高的趋势,切顶角度为15°时巷道顶板位移峰值降幅最小,为20.69%。切顶角度为0°时,顶板位移峰值降幅最大,为66.67%。切顶角度为13°、17°时,二者顶板位移峰值降幅相差较小,二者相差不足7%。关于底板位移峰值降幅，在四种不同的切顶方案情况下效果均不是很明显，在切顶角度为13°时降幅达到最大值，为16.67%。控制底板底鼓变形可考虑底板切槽卸压。故此，方案Ⅰ与方案Ⅱ效果较好。

综上，综合考虑煤柱内部应力变化、两帮位移变化，以及1210工作面辅运巷围岩应力和位移变化，可以得出方案Ⅲ，即切顶角度为15°时，切顶卸压效果最优。

5 小煤柱双巷掘进支护技术研究

针对现场强扰动、大断面、巷道留顶煤等巷道围岩控制难题，现场取样进行实验室岩石力学性质测试，依托现场岩性特征与工程结构构建数值模型，设计保障巷道围岩稳定的控制方案，确定支护参数，结合数值模型进行数值分析，并现场监测与分析巷道的全周期状况。

本章结合理论计算、数值模拟的方法，在已知巷道围岩力学参数的基础上，模拟设计支护方案，分析巷道围岩及煤柱的应力以及水平方向和垂直方向的位移变化，研究 1208 工作面卸压前后有无支护四种情况下的巷道围岩稳定性。

5.1 巷道支护参数计算

5.1.1 自然平衡拱理论

(1) 围岩破坏范围

两帮围岩破坏深度 C 可由式(5-1)计算[93]：

$$C=\left(\frac{K_{\mathrm{CX}}\gamma HB}{10^4 f_{\mathrm{y}}}\right)h'\tan\frac{90^\circ-\varphi}{2} \tag{5-1}$$

式中 K_{CX} ——巷道围岩应力集中系数，取 1.5；

γ ——平均重度，$\mathrm{kN/m^3}$，取 23 $\mathrm{kN/m^3}$；

H ——埋深，m，取 686 m；

B ——无因次参数，取 1；

f_{y} ——采掘岩石的坚固性系数，取 1.3；

h' ——岩层厚度，m，取 1.7 m；

φ ——采掘岩石的内摩擦角，取 32°。

计算可得帮部围岩破坏深度 C 为 0.733 2 m，这表明帮部发生破坏。

顶板岩层破坏深度 b 可根据式(5-2)计算[93]：

$$b=\frac{(a+C)\cos\alpha}{k_{\mathrm{y}}f_{\mathrm{n}}} \tag{5-2}$$

式中 a ——巷道的半跨距，m，取 3 m；

α ——煤层倾角，取 1°；

k_y ——岩层稳定性系数，取 1；

f_n ——岩层坚固性系数，取 3。

计算可得 $b=1.224$ m。

(2) 围岩压力

前述计算 C 为正值，则认为巷帮岩体发生破坏。因此，需要针对巷道帮部围岩进行支护设计。

自然平衡拱理论中顶板载荷 Q_H，按照式(5-3)计算[93]：

$$Q_H = 2\gamma_n abB \tag{5-3}$$

式中 γ_n ——顶板岩石的重度，取 25 kN/m³。

计算可得：$Q_H = 183.6$ kN/m。

(3) 锚杆长度

顶板锚杆长度[93]：

$$L_r = KB + \Delta \tag{5-4}$$

巷帮锚杆长度：

$$L_s = KC + \Delta \tag{5-5}$$

式中 Δ——锚杆穿过围岩破坏区后剩余的长度与其外露部分长度的总和，取 0.7 m。

K ——安全系数，1.5～2，取 2。

计算可得顶板锚杆长度 L_r 不小于 2.7 m，此处取 3 m；巷帮锚杆长度 L_s 不小于 2.17 m，此处取 2.2 m。

(4) 锚杆间排距

锚杆排距 a_r 由式(5-6)计算[93]：

$$a_r = \pi Z \sqrt{\frac{(a+b)Z}{ab}} \tag{5-6}$$

式中 Z ——锚杆锚入坚硬岩层的深度，取 0.4 m。

计算可得：锚杆排距取 0.9 m。

锚杆的锚固力 P 取决于岩石硬度，可按式(5-7)计算：

$$P = \frac{1\ 000\pi d^2 f \sigma_t}{4f + 8} \tag{5-7}$$

式中 d ——锚杆杆体直径，取 0.022 m；

f ——岩石的坚固性系数，取 3.4；

σ_t ——极限抗拉强度，取 540 MPa。

可得锚固力 P 应不小于 129.18 kN。

顶板每排锚杆数 N_K 根据作用力的平衡条件按式(5-8)求得[90]：

$$N_K = \frac{KQ_H a_r}{P} \tag{5-8}$$

式中 K——安全系数，取2。

当 C 为正值时，煤帮锚杆间距按式(5-9)求得[90]：

$$a_y = \frac{N_y P}{KQ_H} \tag{5-9}$$

式中 N_y——煤帮每排锚杆数。

(5) 强度验算

按间排距为0.9 m，顶板每排锚杆数 $N_K=8$ 进行核算[93]：

$$PN_K \geqslant KQ_H a_r \tag{5-10}$$

计算可得1 033.436 8 kN>330.48 kN，支护强度达标。

根据自然平衡拱理论所确定的支护参数包括：顶板使用直径为22 mm、长度为3 000 mm的锚杆，间排距为900 mm×900 mm，每排安装8根锚杆；边墙部分采用直径为22 mm、长度为2 200 mm的锚杆，间排距同样为900 mm×900 mm，每排布置5根锚杆，其锚固力需达到129.18 kN以上。对于顶板锚索，规格为直径22 mm、长度6 500 mm，间排距设定为1 600 mm×1 800 mm。而在实体煤边墙处，使用的锚索规格同为直径22 mm、长度6 500 mm，每排2根，间排距为1 000 mm×1 800 mm。在煤柱侧边墙，锚索的规格为直径22 mm、长度4 000 mm，每排3根，间排距也为1 000 mm×1 800 mm。

5.1.2 悬吊理论分析设计

(1) 锚杆长度计算

L 计算公式如下[93]：

$$L = L_1 + X_1 + X_2 \tag{5-11}$$

式中 L_1——锚杆有效长度，m；

X_1——锚杆外露长度，取0.15 m；

X_2——锚杆锚固长度，取0.4 m。

通过深入分析现场钻探观测数据，得知顶部和帮部不稳定层分别为1.95 m和1.75 m厚。据此，顶板锚杆和帮部锚杆的最小长度分别定为2 500 mm和2 300 mm。但考虑石拉乌素煤矿的地质状况复杂，为提升施工安全性和稳定性，决定将锚杆长度统一增至3 000 mm。

(2) 锚杆直径

D 可由式(5-12)计算[93]：

$$D = \sqrt{\frac{4P}{\pi\sigma_t}} \tag{5-12}$$

式中　P ——锚杆锚固力，kN；

σ_t ——锚杆抗拉强度；

D ——锚杆直径，m。

顶板锚杆和帮部锚杆的设计锚固力分别为 180 kN 和 150 kN，计算可得锚杆直径为 21.4 mm，取整后确定为 22 mm。

(3) 锚索长度

L 采用式(5-13)计算[93]：

$$L = K_S L_1 + X_1 + X_2 \tag{5-13}$$

式中　K_S ——安全系数，取 3.0。

其中，L_1 根据普氏压力拱高度确定，计算可得顶板锚索长度不小于 3.67 m，此处考虑极稳定岩层层位取 6.5 m。考虑石拉乌素煤矿煤柱以及巷道受到二次采动影响，故此，顶板考虑用长锚索加强支护，长度取 8.0 m。

根据悬吊理论，所获取参数如下：顶部锚杆 ϕ22 mm×3 000 mm，8 根每组，间排距 800 mm×900 mm；侧壁锚杆 ϕ22 mm×2 200 mm，5 根每组，间排距 900 mm×900 mm；顶板锚索 ϕ22 mm×6 500 mm，3 根每组，间排距 1 600 mm×1 800 mm；实体煤侧壁锚索 ϕ22 mm×6 500 mm，2 根每组，间排距 1 000 mm×1 800 mm；煤柱侧锚索 ϕ22 mm×4 000 mm，3 根每组，间排距 1 000 mm×1 800 mm；顶板加固锚索 ϕ22 mm×8 000 mm，3 根每组，间排距 1 000 mm×1 800 mm。

5.1.3　组合梁理论分析

(1) 锚杆长度

L 采用式(5-14)计算[93]：

$$L = L_1 + L_2 + L_3 \tag{5-14}$$

式中　L_1——锚杆外露长度，取 0.15 m；

L_2——锚杆有效长度，m；

L_3——锚杆锚固长度，取 0.4 m。

其中，顶板稳定时锚杆有效长度 L_2 应满足[93]：

$$L_2 \geqslant \alpha \sqrt{\frac{K_1 q}{K_2 \sigma'_t}} \tag{5-15}$$

式中　K_1——安全系数，3～5，取 5；

K_2——强化系数，取 3；

σ'_t——直接顶岩石抗拉强度，MPa，取 3.4 MPa；

q ——组合梁上方近似均布载荷，MPa。

q 由式(5-16)计算[93]：

$$q=\gamma(h_d-L_2) \tag{5-16}$$

巷道围岩塑性区半径 R_S 计算公式为：

$$R_S=R_0\left[\frac{(1+\sin\varphi)(K\gamma H+C\tan\varphi)}{\tan\varphi}\right]^{\frac{1-\sin\varphi}{2\sin\varphi}} \tag{5-17}$$

式中　R_0——外接圆半径，m，取 3.61 m；

C——内聚力，MPa，取 2.85 MPa；

φ——内摩擦角，(°)，取 36°；

计算可得 $R_S=3.42$ m。塑性区岩石可以认为是容易冒落、需要支护抗力的区域。顶板易冒落岩石厚度 h_d 为：

$$h_d=R_S-h/2 \tag{5-18}$$

计算可得 $h_d=1.41$ m。

帮部易冒落岩石厚度 h_d 为：

$$h_d=R_S-\alpha \tag{5-19}$$

计算可得 $h_d=0.51$ m。

考虑岩层的蠕变特性以及顶板内各岩层之间的摩擦影响，则锚杆有效长度 L_2 应不小于[93]：

$$L_2\geqslant 1.204\,\alpha\sqrt{\frac{K_1q}{\eta K_2(\sigma'_t+\sigma_h)}} \tag{5-20}$$

式中　σ_h——原岩水平应力分量，MPa，取 4.1 MPa；

η——岩层数为 1、2、3 时，η 分别为 1、0.75、0.7；岩层数不小于 4 时，$\eta=0.65$，取 0.7。

联立可得 L_2 应不小于：

$$L_2^2+\frac{1.45\alpha K_1\gamma}{\eta K_2(\sigma'_t+\sigma_h)}L_2\geqslant\frac{1.45\alpha K_1h_d}{\eta K_2(\sigma'_t+\sigma_h)} \tag{5-21}$$

计算可得均布载荷 q 为 0.001 6 MPa，锚杆有效长度 L_2 应不小于 1.553 m，则顶板锚杆总长度不小于 2.336 m，此处取为 3.0 m。

(2) 锚杆间排距

设锚杆间距 a_1 与排距 a_2 相等为 α，梁半跨内均布载荷引起总剪力，则由顶板抗剪安全条件可计算锚杆间排距[93]：

$$a_1=a_2\leqslant 1.447\,2d\sqrt{\frac{L_2\tau}{2K_2qa}} \tag{5-22}$$

式中　d——锚杆杆体直径，0.016 m；

τ——材料抗剪强度，MPa，取 156 MPa。

计算可得锚杆间排距 a_1、a_2 应不大于 2.11 m，此处取为 900 mm×900 mm。

选定支护参数为：顶部锚杆 ϕ22 mm，长 3 000 mm，间排距 1 000 mm×

1 000 mm,每排 6 根;侧壁锚杆 ϕ22 mm,长 2 200 mm,间排距 900 mm×900 mm,每排 5 根;顶部锚索 ϕ22 mm,长 6 500 mm,间排距 1 600 mm×1 800 mm,每排 3 根;实体煤侧锚索 ϕ22 mm,长 6 500 mm,间排距 1 000 mm×1 800 mm,每排 2 根;煤柱侧锚索 ϕ22 mm,长 4 000 mm,间排距 1 000 mm×1 800 mm,每排 3 根。

5.1.4 理论设计方案汇总

综合分析各个理论设计方案,考虑煤柱及 1210 工作面辅运巷受到多次采动影响,整理优化得到石拉乌素煤矿 1208 工作面和 1210 工作面辅运巷锚杆(索)支护参数,见表 5-1。

表 5-1 巷道锚杆(索)支护参数

	自然平衡拱理论	悬吊理论	组合梁理论
顶板锚杆支护参数	ϕ22 mm×3 000 mm,间排距 900 mm×900 mm,每排 8 根	ϕ22 mm×3 000 mm,间排距 800 mm×900 mm,每排 8 根	ϕ22 mm×3 000 mm,间排距 1 000 mm×1 000 mm,每排 6 根
帮部锚杆支护参数	ϕ22 mm×2 200 mm,间排距 900 mm×900 mm,每排 5 根	ϕ22 mm×2 200 mm,间排距 900 mm×900 mm,每排 5 根	ϕ22 mm×2 200 mm,间排距 900 mm×900 mm,每排 5 根
顶板锚索支护参数	ϕ22 mm×6 500 mm,间排距 1 600 mm×1 800 mm,每排 3 根	ϕ22 mm×6 500 mm,间排距 1 600 mm×1 800 mm,每排 3 根	ϕ22 mm×6 500 mm,间排距 1 600 mm×1 800 mm,每排 3 根
实体煤侧锚索支护参数	ϕ22 mm×6 500 mm,间排距 1 000 mm×1 800 mm,每排 2 根	ϕ22 mm×6 500 mm,间排距 1 000 mm×1 800 mm,每排 2 根	ϕ22 mm×6 500 mm,间排距 1 000 mm×1 800 mm,每排 2 根
煤柱侧锚索支护参数	ϕ22 mm×4 000 mm,间排距 1 000 mm×1 800 mm,每排 3 根	ϕ22 mm×4 000 mm,间排距 1 000 mm×1 800 mm,每排 3 根	ϕ22 mm×4 000 mm,间排距 1 000 mm×1 800 mm,每排 3 根
顶板长锚索加强支护参数		ϕ22 mm×8 000 mm,间排距 1 600 mm×1 800 mm,每排 3 根	

5.2　支护效果模拟验证

由第 4 章分析可知，1208 工作面胶运巷在切顶作业后进行回采，对小煤柱及巷道本身有着不错的控制效果，其中煤柱内的垂直应力峰值降低 26.9%，水平应力峰值降低 11.9%。煤柱两帮及巷道顶底板变形也得到较好的控制，其中小煤柱右侧壁峰值变形降低 71.91%，顶板峰值变形降低 20.69%。下面将从未切顶无支护、未切顶支护、切顶无支护、切顶支护四个方面分别分析对比煤柱及巷道围岩的控制效果，支护方案示意图如图 5-1 所示。

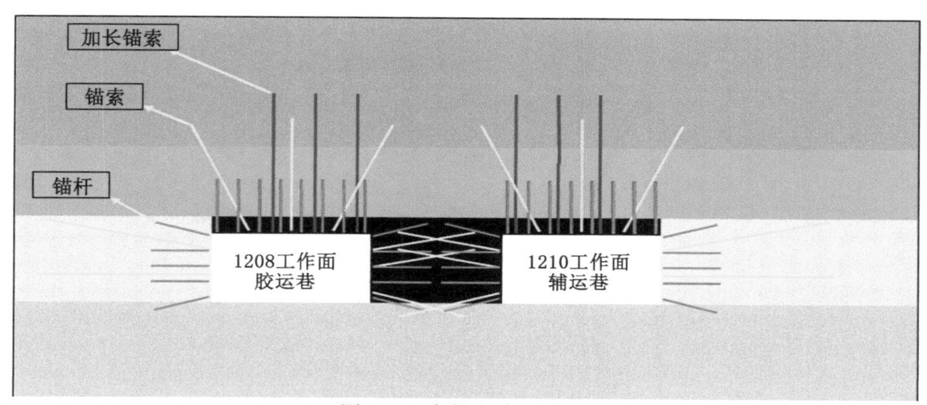

图 5-1　支护方案示意图

5.2.1　支护后围岩应力及塑性区演化特征

有切顶作业，1208 工作面回采后垂直应力云图如图 5-2 所示。

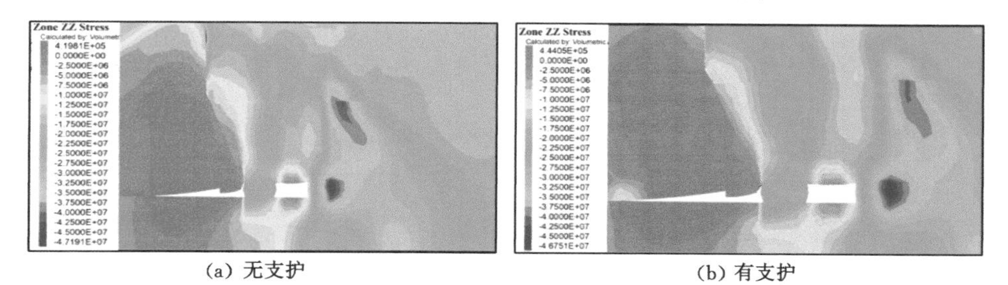

图 5-2　切顶一次回采作业后有、无支护垂直应力云图

有切顶作业，1208 工作面回采后水平应力云图如图 5-3 所示。

应力变化曲线如图 5-4 所示。

在无支护的情况下，如图 5-5(a)所示，煤柱约 75%的区域处于 shear-now 和

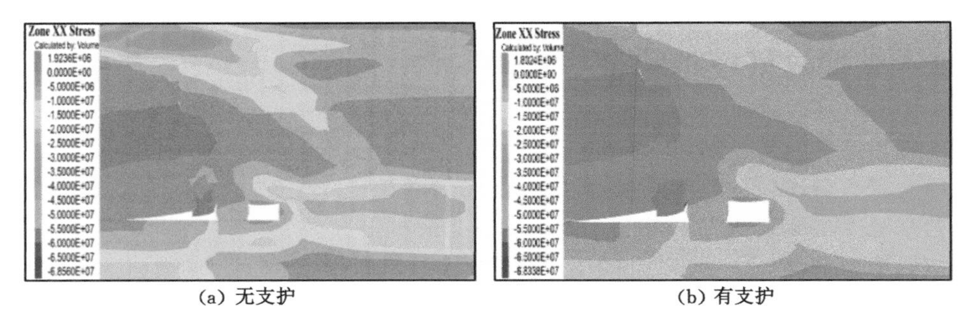

图 5-3　切顶一次回采作业后有、无支护水平应力云图

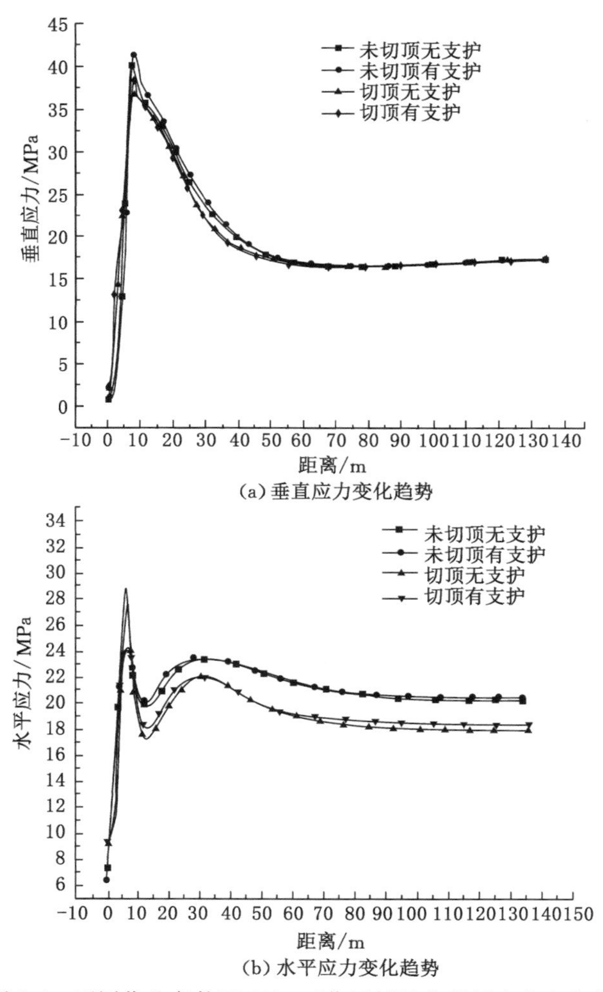

图 5-4　不同作业条件下 1210 工作面辅运巷顶板应力变化曲线

shear-pass 两种状态，这表明煤柱在切顶无支护一次回采后遭受到了严重破坏，此时煤柱受破坏较为严重，煤体结构比较破碎。在 1210 工作面辅运巷的顶板距离煤柱侧 0～2.0 m 范围内，顶板处于 shear-now、shear-pass 和 tension-now 三种状态，此处顶板发生破坏；在 2.0～6.0 m 范围内，顶板处于 shear-pass 和 tension-now 两种状态，顶板未发生明显破坏。在 1210 工作面辅运巷的右帮部实体煤侧，此时右帮部 0～2.0 m区域处于 shear-now 和 shear-pass 两种状态，同样也表明 1210 工作面辅运巷右帮部在切顶无支护一次回采后遭受到了严重破坏，此时巷道右帮部受破坏较为严重，煤体结构比较破碎。巷道底板均处于 none、shear-pass 和 tension-now 三种状态，未发生破坏。此外，在煤柱及巷道顶板约 12～22 m 处基本顶处于 shear-now 和 shear-pass 两种状态，在实体煤上方约 5～10 m 基本顶同样处于 shear-now 和 shear-pass 两种状态，此处基本顶部分岩层也发生了破坏。

在有支护的情况下，如图 5-5(b)所示，煤柱全部处于 shear-pass 状态，此时煤柱在切顶卸压有支护一次回采后未发生明显破坏，煤柱结构比较完整。在 1210 工作面辅运巷的顶板距离煤柱侧 0～6.0 m 范围内，顶板处于 shear-pass 状态，此处顶板未发生明显破坏。在 1210 工作面辅运巷的右帮部实体煤侧，0～4.0 m 区域处于 shear-pass 状态，同样也表明 1210 工作面辅运巷右帮部在切顶卸压有支护一次回采后未遭受到严重破坏，煤体结构比较完整。此外，在煤柱上方约 12～23 m 处基本顶处于 shear-now 和 shear-pass 两种状态，在巷道上方未出现 shear-now 状态，在实体煤上方基本顶同样也未处于 shear-now 状态，此时，仅煤柱上方基本顶部分岩层发生了破坏，在巷道与实体煤上方基本顶岩层未发生明显破坏。

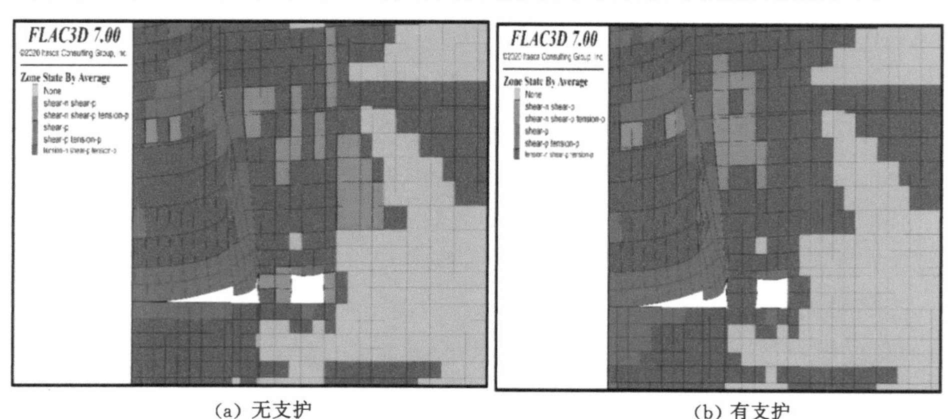

(a) 无支护　　(b) 有支护

图 5-5　切顶一次回采作业后有、无支护塑性区分布

从塑性区不同分布状态变化来看，支护后无论是煤柱还是 1210 工作面辅运巷围岩状况均得到了有效的改善，下面将从围岩变形的角度来分析。

5.2.2 支护后围岩变形破坏特征

分别在煤柱两帮以及1210工作面辅运巷顶板、底板布置4条测线，分别监测煤柱在不同作业条件下两帮变形情况以及巷道顶底板变形。下面将分别具体分析煤柱左侧壁变形、煤柱右侧壁变形、巷道顶板下沉量以及底鼓量。

由图5-6可知，煤柱左侧壁在四种不同作业后呈现不同的变化趋势。其中，未切顶有支护与未切顶无支护帮部变形趋势相近，切顶有支护与切顶无支护帮部变形趋势相近。

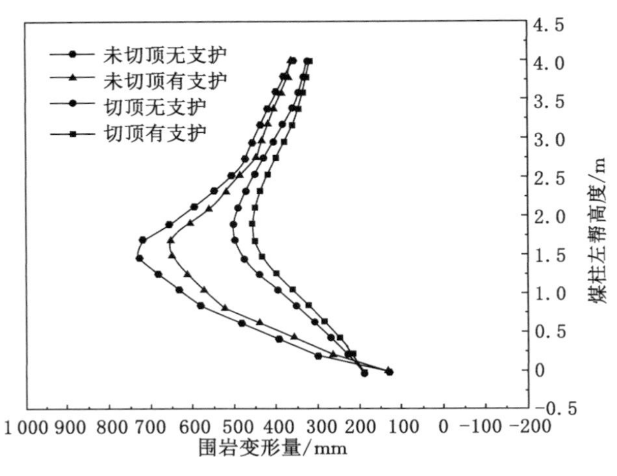

图5-6 煤柱左侧壁围岩变形量

未切顶时，在无支护和有支护的情况下，在1.60 m处煤柱左侧壁变形最大，分别为735.90 mm、657.85 mm，支护控制变形量达到78.05 mm，峰值变形降低了10.61%。切顶时，在无支护和有支护的情况下，约在1.89 m处煤柱左侧壁变形最大，分别为505.44 mm、460.06 mm，支护控制变形量达到45.38 mm，峰值变形降低了8.98%。

未切顶无支护与切顶无支护作业后，支护控制变形量达到230.46 mm，峰值变形降低了31.32%；未切顶无支护与切顶有支护作业后，支护控制变形量达到275.84 mm，峰值变形降低了37.48%；未切顶有支护与切顶无支护作业后，支护控制变形量达到152.41 mm，峰值变形降低了23.17%；未切顶有支护与切顶有支护作业后，支护控制变形量达到197.79 mm，峰值变形降低了30.07%。

此外，在未切顶时，无论有无支护煤柱左帮均从一开始就出现了变形且峰值变形量较大，在3.15 m处煤柱开始向内侧收缩，无支护时收缩值为155 mm左右，有支护时收缩值为75 mm左右。在切顶情况下，虽然在有、无支护时煤柱均在一开始都发生了变形,但与未切顶相比变化趋势比较缓和。由此可知,一方面切顶作业对煤柱左侧壁变形有着积极的调控作用;另一方面,此支护方案对煤柱左侧壁围岩变形有着较好的控制效果。

由图 5-7 可知,煤柱右侧壁在四种不同作业后呈现不同的变化趋势。其中,未切顶有支护与未切顶无支护帮部变形趋势相近,切顶有支护与切顶无支护帮部变形趋势相近。

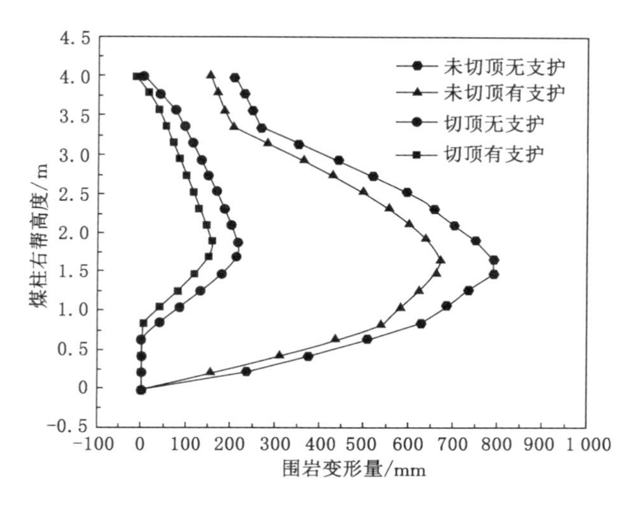

图 5-7 煤柱右侧壁围岩变形量

未切顶时,在无支护和有支护的情况下,在 1.55 m 处煤柱右侧壁变形最大,分别为 791.73 mm、671.33 mm,支护控制变形量达到 120.4 mm,峰值变形降低了 15.21%。切顶时,在无支护和有支护的情况下,约在 1.89 m 处煤柱右侧壁变形最大,分别为 218.41 mm、158.78 mm,支护控制变形量达到 59.63 mm,峰值变形降低了 27.30%。

未切顶无支护与切顶无支护作业后,支护控制变形量达到 573.32 mm,峰值变形降低了 72.41%;未切顶无支护与切顶有支护作业后,支护控制变形量达到 632.95 mm,峰值变形降低了 79.95%;未切顶有支护与切顶无支护作业后,支护控制变形量达到 452.92 mm,峰值变形降低了 67.47%;未切顶有支护与切顶有支护作业后,支护控制变形量达到 512.55 mm,峰值变形降低了 76.35%。

在未切顶时,无论有无支护煤柱右侧壁均从一开始就出现了变形且峰值变形量较大。然而,在切顶情况下,有支护时煤柱右侧壁 0.84 m 处才开始出现变形,而无支护时,在 0.63 m 处就出现了变形。由此可知,一方面切顶作业对煤柱右侧壁变形有着积极的调控作用;另一方面,此支护方案对煤柱右侧壁围岩变形有着较好的控制效果。

由图 5-8 可知，煤柱顶板下沉量在四种不同作业后呈现不同的变化趋势。其中，未切顶有支护与未切顶无支护顶板变形趋势相近，切顶有支护与切顶无支护顶板变形趋势相近。

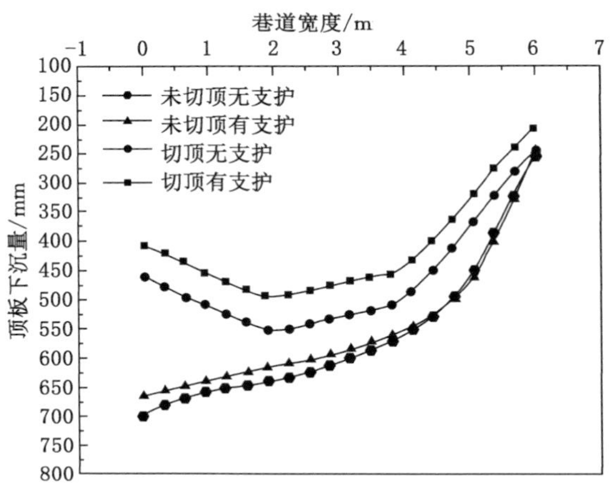

图 5-8　1210 工作面辅运巷顶板下沉量

未切顶时，在无支护和有支护的情况下，在 1210 工作面辅运巷顶板最左侧处煤柱右侧壁变形最大，分别为 696.61 mm、663.94 mm，支护控制变形量达到 32.67 mm，峰值变形降低了 4.69%；切顶时，在无无护和有支护的情况下，约在 2.0 m处煤柱右侧壁变形最大，分别为 552.78 mm、495.98 mm，支护控制变形量达到 56.8 mm，峰值变形降低了 10.28%。

未切顶无支护与切顶无支护作业后，支护控制变形量达到 143.83 mm，峰值变形降低了 20.65%；未切顶无支护与切顶有支护作业后，支护控制变形量达到 200.63 mm，峰值变形降低了 28.80%；未切顶有支护与切顶无支护作业后，支护控制变形量达到 111.16 mm，峰值变形降低了 16.74%；未切顶有支护与切顶有支护作业后，支护控制变形量达到 167.96 mm，峰值变形降低了 25.30%。

此外，在未切顶时，无论有无支护 1210 工作面辅运巷顶板均从一开始就出现了变形且峰值变形量较大。然而，在切顶情况下，虽然在有、无支护时顶板均在一开始都发生了变形，但与未切顶时相比变化趋势比较缓和。由此可知，一方面切顶作业对巷道顶板下沉变形有着积极的调控作用；另一方面，此支护方案对巷道顶板围岩变形有着较好的控制效果。

由图 5-9 可知，巷道底鼓量在四种不同作业后呈现不同的变化趋势。其中，未切顶有支护与未切顶无支护底板变形趋势相近，切顶有支护与切顶无支护底板变形趋势相近。

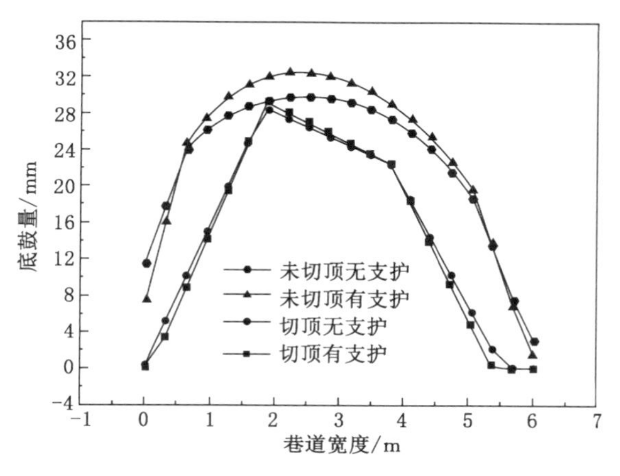

图 5-9 1210 工作面辅运巷底鼓量

未切顶时，在无支护和有支护的情况下，约在 2.21 m 处巷道底板变形最大，分别为 29.86 mm、32.55 mm，支护控制变形量达到 −2.69 mm，峰值变形降低了 −9.01%；切顶时，在无支护和有支护的情况下，约在 1.89 m 处巷道底鼓变形最大，分别为 28.50 mm、29.27 mm，支护控制变形量达到 −0.77 mm，峰值变形降低了 −2.70%。

未切顶无支护与切顶无支护作业后，支护控制变形量达到 1.36 mm，峰值变形降低了 4.55%；未切顶无支护与切顶有支护作业后，支护控制变形量达到 0.59 mm，峰值变形降低了 1.98%；未切顶有支护与切顶无支护作业后，支护控制变形量达到 4.05 mm，峰值变形降低了 12.44%；未切顶有支护与切顶有支护作业后，支护控制变形量达到 3.28 mm，峰值变形降低了 10.08%。

此外，在未切顶时，无论有无支护巷道底鼓变形均从一开始就出现了；在切顶情况下，巷道底鼓变形量与之相比呈现降低趋势。然而，无论是否切顶，支护后的巷道底鼓量相较未支护时均略有增加。由此可知，一方面切顶作业对巷道底鼓变形有着积极的调控作用；另一方面，一般情况下，巷道底鼓是由水平应力变化引起的，治理底鼓变形可考虑在底板开卸压槽，以此来控制巷道底鼓。

由上述分析可知，相较未切顶无支护的情况下，未切顶有支护、切顶无支护、切顶有支护这三种作业条件下，煤柱两帮及 1210 工作面辅运巷顶板变形峰值均会降低。然而，1210 工作面辅运巷底鼓量却略有增加，但依旧是随着作业条件的改善，增加量逐渐降低。由于巷道底鼓量变化极不明显，在工程实际中可以忽略其影响。下面着重从煤柱两帮和 1210 工作面辅运巷顶板下沉量来讨论，四者的峰值降幅呈现增加的变化趋势(图 5-10)。

一方面，煤柱两帮位移峰值降幅随着卸压技术、支护方案的实施呈现逐渐升高

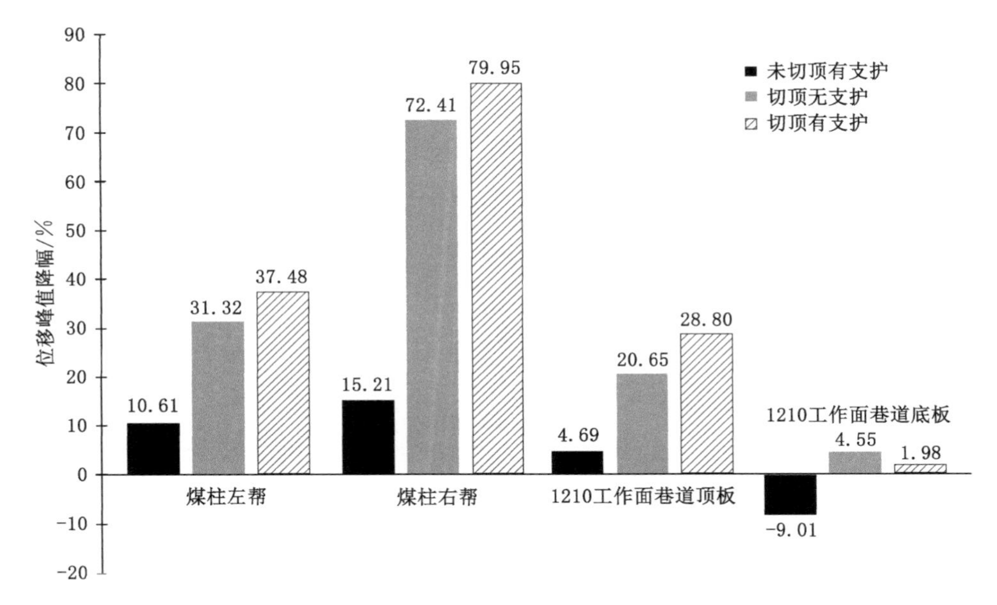

图 5-10　不同条件作业后位移峰值降幅柱状图

的趋势。当未切顶有支护时,其煤柱两帮变形峰值降幅相较切顶无支护时分别降低 20.71%、57.20%,1210 工作面辅运巷顶板下沉量相差 15.96%。当切顶无支护时,其煤柱两帮变形峰值降幅相较切顶有支护时分别降低 6.16%、7.54%,1210 工作面辅运巷顶板下沉量相差 8.15%。由此可知,切顶卸压技术能很好地主动调控矿山压力,此支护方案也可以有效控制巷道围岩及煤柱两帮的变形。

另一方面,从图中可以看出,未切顶时的有、无支护两种情况与切顶后有、无支护的两种情况,对煤柱左侧壁的变形控制量分别相差均不足 5%,对煤柱右侧壁的变形控制量分别相差均不足 8%,对顶板下沉量的控制相差也不足 5%。由此可知,此支护方案在切顶后对巷道围岩的控制变形仍能发挥积极作用。

综上,综合考虑煤柱内部应力变化、两帮位移变化,以及 1210 工作面辅运巷围岩应力及位移变化,可以得出切顶有支护方案对变形调控效果最优。

6 现场工业性试验

有上文可知，所提出的支护方案，对煤柱帮部围岩变形以及巷道顶板下沉有着较好的控制效果，下面结合现场试验进行验证，以及对支护方案不足之处进行改进。

6.1 巷道支护方案

根据巷道实际应用情况，为保证小煤柱双巷掘进回采强扰动留巷围岩稳定性，针对100 m范围内1210工作面辅运巷开展支护方案试验，试验支护方案从支护结构、围岩应力等控制角度出发，以一阶锚杆支护、二阶短锚索支护、三阶长锚索支护组成的多阶协同支护为基础，针对不协调变形围岩进行非对称补强，结合局部围岩钻孔、开槽卸压实现巷帮应力转移，保障多次强扰动下巷道围岩稳定性。

（1）一阶支护

为应对煤矿巷道的不同破坏问题，如帮部的压剪破坏、顶板的拉伸破坏、煤柱侧顶板的切落、底板的剪切错动等，采取锚杆支护方式，其中包括斜向安装部分锚杆以对抗剪切力，使用高预紧力的顶板锚杆减少顶板下沉，从而改善巷道周围岩石结构，减少裂隙，防止围岩垮塌，形成一种"浅部围岩-强力锚杆"的支撑结构。具体支护参数如下。

① 顶板锚杆支护

采用8根直径22 mm、长度3 000 mm的高强度左旋螺纹钢锚杆支撑顶板，这些锚杆的屈服强度至少达到500 MPa，并覆以8号铁丝编制的50 mm×50 mm网格金属菱形网，尺寸为6 400 mm×1 100 mm。支撑结构还包括使用150 mm×150 mm×10 mm的托盘和6 000 mm的T型钢带。锚杆须垂直于巷道设置，间排距为800 mm×900 mm。每根锚杆使用一卷CK25/70型树脂锚固剂，其设计锚固力达190 kN，预紧力矩为300 N·m。

② 帮部锚杆支护

使用5根直径为20 mm、长度为2 200 mm的左旋全螺纹钢锚杆，布置于两侧，间排距为900 mm×900 mm。托盘尺寸为150 mm×150 mm×10 mm，与T型钢带一同应用于锚杆的纵向布置。覆盖8号铁丝编成的金属菱形网，尺寸为4 600 mm×

1 100 mm,网眼尺寸为 50 mm×50 mm。边角处的锚杆需倾斜至顶部距离 300 mm 的位置,与水平面呈 20°角;底部锚杆同样倾斜,角度保持一致;而中间的锚杆则垂直安装。每根锚杆配备一卷 CK25/70 型树脂锚固剂,锚固力达到 157 kN,预紧力矩为 300 N·m。

(2) 二阶支护:短锚索支护

基于一阶支护,使用短锚索对巷道进行二阶加固,通过斜置短锚索于实体煤巷侧部以延长锚固深度,锚固点位于巷道顶部。这种方法增强了顶部煤层、巷侧和底部的稳定性。此外,在煤柱侧,通过布置一系列交叉短锚索,构建"煤柱-交叉锚索"支撑体系。

具体支护参数如下。

① 实体煤帮短锚索支护

实煤巷使用两根 ϕ21.8 mm×6 500 mm 钢绞线锚索,间排距 1 500 mm×1 800 mm。第一根锚索距顶板 1 000 mm,斜向 15°安装;第二根锚索垂直安装,距第一根1 500 mm。帮部横向配 3 根锚索和 T 型钢带,须搭接。纵向 2 根锚索支撑 2 000 mm长 U29 型钢梁,托盘为切割的 U29 型钢,长 140 mm。每孔用 1 卷 CK25/70 型和 1 卷 K25/70 型树脂锚固剂,锚索尾部设双泡让压环,滞后迎头≤6 m,设计预应力 200 kN、锚固力 240 kN。

② 煤柱帮对穿短锚索支护

在煤柱侧帮部,采用纵向施工方法,安装一排 U29 型钢对穿锚索梁进行加强支护。每根 U29 型钢梁配备 3 根 ϕ21.8 mm×5 600 mm 锚索,使用 U29 型钢截割制作的托盘,长度为 140 mm。锚索垂直安装,第一根锚索距顶板 1 000 mm,第二根锚索距第一根锚索 1 000 mm,第三根锚索距第二根锚索 1 500 mm,锚索排距为 1 800 mm。横向 3 根帮部锚索与 T 型钢带配合,钢带需搭接。每孔用 1 卷 CK25/70型和 1 卷 K25/70 型树脂锚固剂,每根锚索尾部装 1 个双泡让压环。锚索预应力为 200 kN,锚固力为 240 kN,滞后迎头不超过 6 m。

(3) 三阶支护:长锚索支护

采用长锚索对巷道顶板构建三阶支护,长锚索垂直顶板安装,不仅可以阻止直接顶与基本顶的离层破坏,还可以进一步增强顶煤与直接顶之间的黏结力,同时可限制顶板的层间错动,形成"深部围岩-强力长锚索"的承载结构。

顶板长锚索支护具体支护参数如下。

顶板长锚索采用 ϕ21.8 mm×8 000 mm 高预应力钢绞线,间距为 1 600 mm,所有长锚索均垂直于顶板打设,托盘由 U29 型钢截割制作而成,长 140 mm,压 U29 型钢支护,每根锚索使用 1 卷 CK25/70 型和 1 卷 K25/70 型树脂锚固剂,锚索尾部使用双泡让压环。长锚索设计预应力为 200 kN、锚固力为 240 kN,锚索梁紧跟迎头打设。

巷道支护图如图 6-1 至图 6-3 所示。

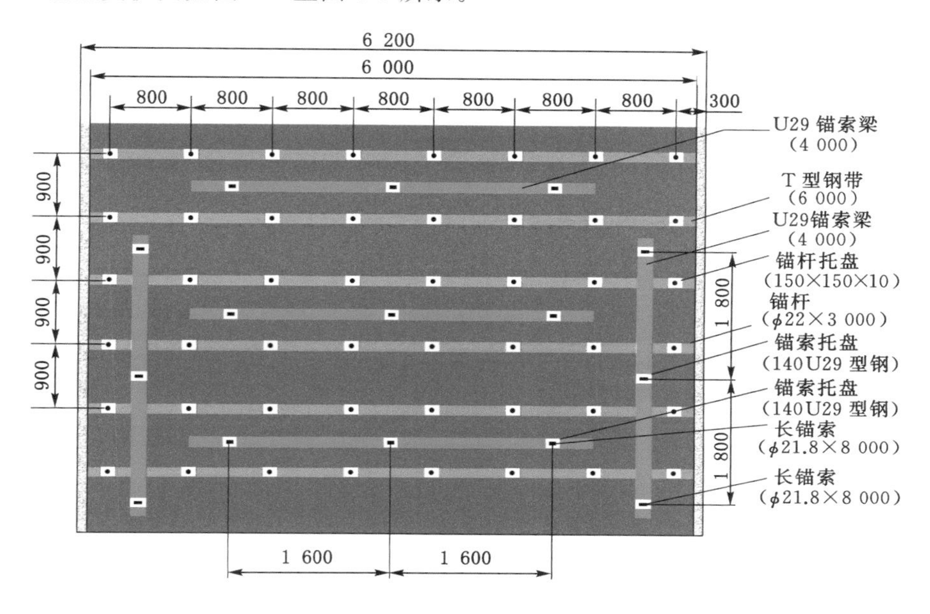

图 6-1　巷道顶板支护方案

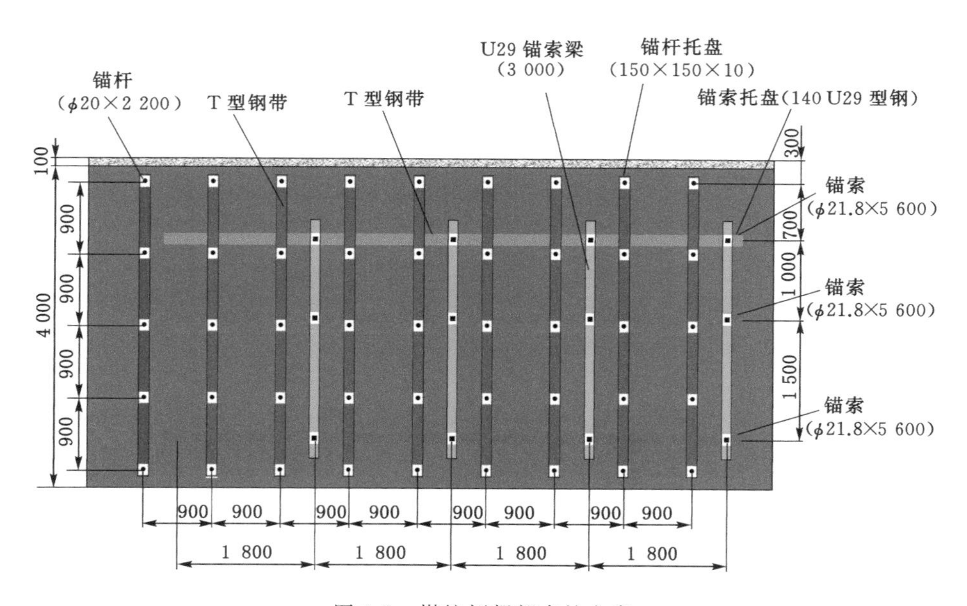

图 6-2　煤柱侧帮部支护方案

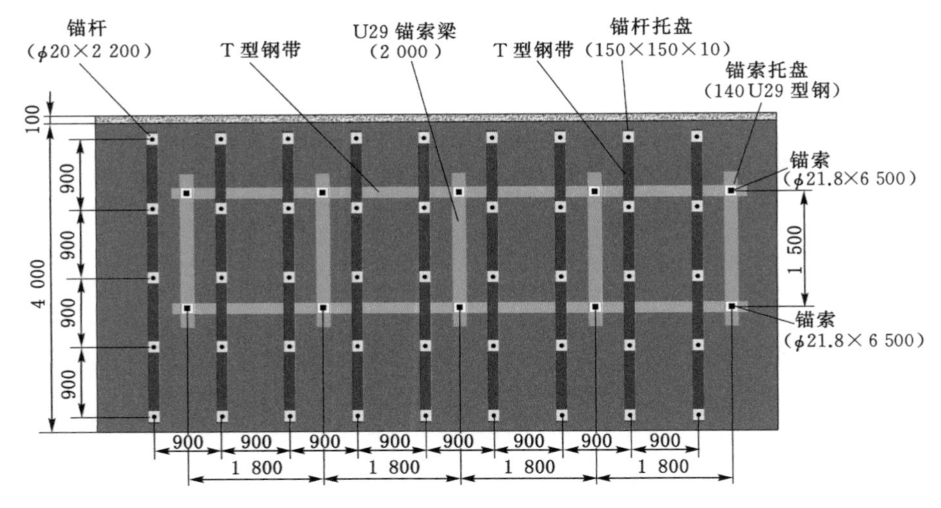

图 6-3　实体煤侧帮部支护方案

6.2　切顶方案实施

基于前文所得理论切顶参数并综合考虑现场实际情况，现场实施参数(表 6-1)为：1208 工作面胶运巷(沿空)走向断顶孔直径 80 mm，间距 5 m，深孔、浅孔间隔布置。钻孔角度 60°，在距离煤柱侧 1～2 m 内施工，深孔的长度 50 m、装药长度 20 m、装药量 66 kg、方位角 186°；浅孔长度 34 m、装药长度 18 m、装药量 59.4 kg、方位角 189°，封孔长度不小于钻孔总长度三分之一，如图 6-4 所示。

1208 工作面胶运巷(沿空)倾向断顶孔直径 80 mm，一组布置两个钻孔，钻孔朝向工作面内，分别为深孔、浅孔，其间距为 5 m。深孔钻孔深度 50 m、倾角 70°、装药长度 20 m、装药量 66 kg；浅孔的钻孔深度 34 m、倾角 60°、装药长度 18 m、装药量 59.4 kg，封孔长度不小于孔深三分之一。

表 6-1　1208 工作面胶运巷爆破断顶参数

项目	走向孔设计参数		倾向孔设计参数	
施工地点	1208 工作面胶运巷			
钻孔间距/m	5		15	
钻孔类型	深孔	浅孔	深孔	浅孔
钻孔深度/m	50	34	50	34
钻孔方位角/(°)	186～189		90	

表 6-1(续)

项目	走向孔设计参数		倾向孔设计参数	
钻孔角度/(°)	60	60	70	60
装药质量/kg	66	59.4	66	59.4
钻孔直径/mm	80		80	
药卷直径/mm	63		63	
封孔长度	不小于钻孔深度的 1/3		不小于钻孔深度的 1/3	
装药及联线方式	正向装药		正向装药	
爆破方式	一次起爆		一次起爆	

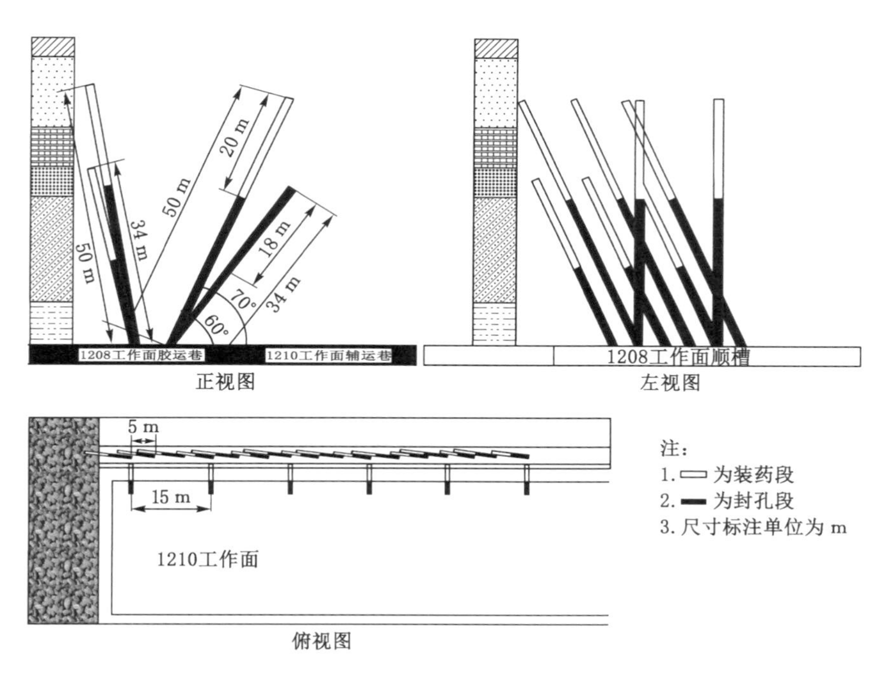

图 6-4 1208 工作面胶运巷顶板爆破钻孔布置三视图

6.3 现场控制效果

巷道监测的核心目的在于实时掌握巷道围岩的收敛变形情况。通过精确测量并反馈数据,间接评估支护措施是否达到预期效果。在此过程中,运用了十字布点法,对 1210 工作面辅运巷的围岩表面位移进行了持续、系统的观测,确保数据的准确性和实时性。

根据切顶支护后模拟的结果结合石拉乌素煤矿 1210 工作面辅运巷实际情况，对其进行现场监测，监测方法为十字布点法，顶底板下沉量监测位置为距 1210 工作面辅运巷左帮 2 m 处，监测具体位置如图 6-5 所示。

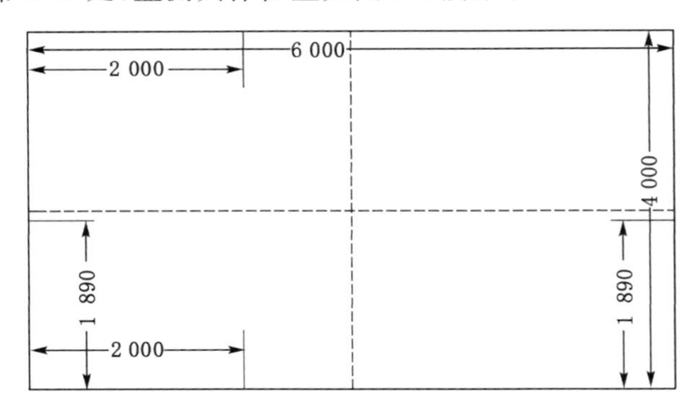

图 6-5　1210 工作面辅运巷位移测点布置示意图

在现场变形监测结束后，对现场监测的数据进行整理分析，图 6-6 为 1210 工作面辅运巷顶底板移近量和两帮移近量。

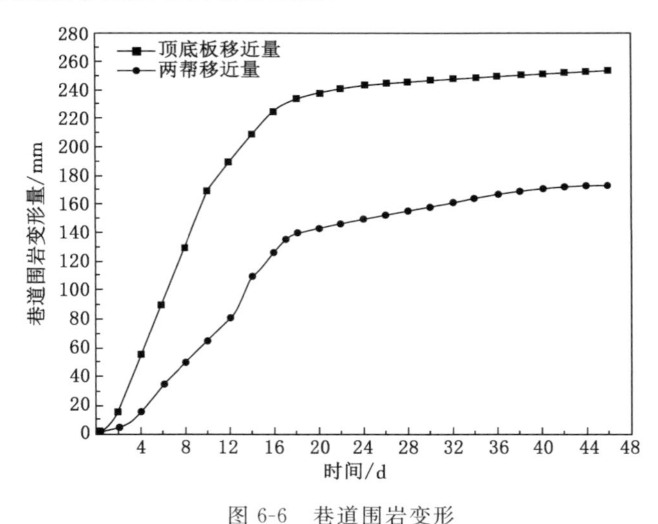

图 6-6　巷道围岩变形

图 6-6 显示，1210 工作面辅运巷在成巷后的初期 0～10 d，顶底板变形速度达到峰值，变形量为 170 mm；10～21 d 期间，顶底板变形速度减缓；超过 21 d 后，顶底板变形速度逐步稳定，监测期内最大移近量为 250 mm。巷道两帮在成巷后 0～17 d 内变形速度最快，变形量达 126 mm；超过 17 d 后逐渐稳定，最大移近量为

173 mm。现场控制效果如图 6-7 所示,监测结果表明所采用的支护方案能够有效控制煤柱侧围岩变形和巷道顶板沉降,即使在掘进期和上一工作面回采扰动影响下,1210 工作面辅运巷围岩变形也能得到有效控制。

(a) 巷道断面

(b) 巷道局部

图 6-7 现场巷道维护图

参考文献

[1] ZHANG Z Y,ZHANG N,SHIMADA H,et al.Optimization of hard roof structure over retained goaf-side gateroad by pre-split blasting technology[J].International journal of rock mechanics and mining sciences,2017,100:330-337.

[2] 郑建彬,赵怀斌.多次采掘影响下底板巷道围岩应力分布规律研究[J].煤炭技术,2018,37(10):84-86.

[3] 陈昌云,郑西贵,于宪阳,等.厚层砂岩顶板小煤柱沿空掘巷围岩变形规律研究[J].煤矿开采,2011,16(1):7-10.

[4] 董正坤,冯宇峰,林来彬,等.特厚煤层综放开采侧方临空覆岩空间结构运动规律及煤柱宽度研究[J].煤矿开采,2015,20(6):6-9.

[5] 杨登峰,张凌凡,柴茂,等.基于断裂力学的特厚煤层综放开采顶板破断规律研究[J].岩土力学,2016,37(7):2033-2039.

[6] 杨培举,刘长友.综放面端头基本顶结构与合理支护参数[J].采矿与安全工程学报,2012,29(1):26-32.

[7] 李学华.综放沿空掘巷围岩大小结构稳定性的研究[D].徐州:中国矿业大学,2000.

[8] 侯朝炯,李学华.综放沿空掘巷围岩大、小结构的稳定性原理[J].煤炭学报,2001,26(1):1-7.

[9] GAO F Q,STEAD D,KANG H P.Numerical simulation of squeezing failure in a coal mine roadway due to mining-induced stresses[J].Rock mechanics and rock engineering,2015,48(4):1635-1645.

[10] GAO F Q,STEAD D,COGGAN J.Evaluation of coal longwall caving characteristics using an innovative UDEC trigon approach[J].Computers and geotechnics,2014,55:448-460.

[11] 李国栋,王襄禹.沿空留巷下位岩层断裂特征数值模拟及控制技术研究[J].煤炭科学技术, 2017,45(4):50-55.

[12] 钱鸣高,石平五,许家林.矿山压力与岩层控制[M].2版.徐州:中国矿业大学出版社,2010.

[13] 钱鸣高,缪协兴,许家林,等.岩层控制的关键层理论[M].徐州:中国矿业大学出版社,2000.

[14] 宋艳芳,唐治,潘一山,等.孤岛工作面应力分布规律的数值分析[J].中国地质灾害与防治学报,2012,23(4):65-68.

[15] 华心祝,刘淑,刘增辉,等.孤岛工作面沿空掘巷矿压特征研究及工程应用[J].岩石力学与工程学报,2011,30(8):1646-1651.

[16] 曹永模,华心祝,杨科,等.孤岛工作面沿空巷道矿压显现规律研究[J].煤矿安全,2013,44(1):43-46.

[17] SHAN R L, HUANG P C, YUAN H H, et al. Research on the full-section anchor cable and C-shaped tube support system of mining roadway in island coal faces [J]. Journal of Asian architecture and building engineering, 2022, 21(2): 298-310.

[18] 杨光宇,姜福兴,王存文.大采深厚表土复杂空间结构孤岛工作面冲击地压防治技术研究[J].岩土工程学报,2014,36(1):189-194.

[19] 何文瑞,何富连,陈冬冬,等.坚硬厚基本顶特厚煤层综放沿空掘巷煤柱宽度与围岩控制[J].采矿与安全工程学报,2020,37(2):349-358.

[20] 查文华,李雪,华心祝,等.基本顶断裂位置对窄煤柱护巷的影响及应用[J].煤炭学报,2014, 39(增刊2):332-338.

[21] 王红胜,张东升,李树刚,等.基于基本顶关键岩块B断裂线位置的窄煤柱合理宽度的确定[J].采矿与安全工程学报,2014,31(1):10-16.

[22] 张守宝,皇甫龙,王超,等.深部高应力双巷掘进巷道围岩稳定性及控制[J].中国矿业,2022, 31(2):104-112.

[23] 孙元田,李桂臣,钱德雨,等.巷道松软煤体流变参数反演的BAS-ESVM模型与应用[J].煤炭学报,2021,46(增刊1):106-115.

[24] 官延明.软岩复合顶板沿空留双巷技术的应用[J].煤炭技术,2014,33(9):339-340.

[25] 李桂臣,杨森,孙元田,等.复杂条件下巷道围岩控制技术研究进展[J].煤炭科学技术,2022, 50(6):29-45.

[26] 杨凯,勾攀峰.高强度开采双巷布置巷道围岩差异化控制研究[J].采矿与安全工程学报,2021,38(1):76-83.

[27] LIU S G, BAI J B, WANG X Y, et al. Study on the stability of coal pillars under the disturbance of repeated mining in a double-roadway layout system[J]. Frontiers in earth science, 2021, 9: 754747.

[28] 苏振国,邓志刚,李国营,等.顶板深孔爆破防治小煤柱冲击地压研究[J].矿业安全与环保,2019,46(4):21-25.

[29] 别小飞,王文,唐世界,等.深井高应力切顶卸压沿空掘巷围岩控制技术[J].煤炭科学技术, 2020,48(9):173-179.

[30] 毕慧杰,邓志刚,李少刚,等.深孔爆破在小煤柱巷道顶板控制中的应用[J].煤炭科学技术, 2022,50(3):85-91.

[31] 王志强,仲启尧,王鹏,等.高应力软岩沿空掘巷煤柱宽度确定及围岩控制技术[J].煤炭科学技术,2021,49(12):29-37.

[32] 王德超,李术才,王琦,等.深部厚煤层综放沿空掘巷煤柱合理宽度试验研究[J].岩石力学与工程学报,2014,33(3):539-548.

[33] 彭林军,宋振骐,周光华,等.大采高综放动压巷道窄煤柱沿空掘巷围岩控制[J].煤炭科学技术,2021,49(10):34-43.

[34] 李民族,马资敏,薛定亮,等.坚硬顶板深浅孔组合聚能爆破技术研究及应用[J].矿业科学学报,2020,5(6):616-623.

[35] 黄万朋,赵同阳,江东海,等.双巷掘进留窄小煤柱布置方式及围岩稳定性控制技术[J].岩石力学与工程学报,2023,42(3):617-629.

[36] 杨健,李小辉.连采双巷快速掘进工艺优化[J].江西煤炭科技,2021(4):93-95.

[37] 呼青军,韦刚.连续采煤机双巷掘进技术和参数优化探讨[J].科技与企业,2016(10):149.

[38] 马进功,梁大海.双巷掘进巷间宽煤柱充填开采工艺的研究[J].煤炭技术,2022,41(10):54-57.

[39] 白铭波.综掘双巷施工技术总结[J].内蒙古煤炭经济,2016(17):137-138.

[40] 池俊峰.连采机双巷快速掘进技术应用[J].煤炭工程,2018,50(增刊1):54-57.

[41] 曹军,孙德.连续采煤机双巷掘进工艺及参数优化研究[J].煤炭科学技术,2012,40(5):9-13.

[42] 屈晋锐.基于裂隙演化的双巷掘进区段煤柱承载特性研究[D].徐州:中国矿业大学,2019.

[43] 赵宝福.浅埋煤层开采双巷布置煤柱上覆岩层结构分析与合理宽度研究[D].徐州:中国矿业大学,2019.

[44] 郭子程.基于FLAC数值模拟的工作面小煤柱合理尺寸确定[J].陕西煤炭,2023,42(1):111-115.

[45] 冯丽,王华.特厚煤层小煤柱沿空掘巷支护技术研究[J].煤炭技术,2024,43(1):66-69.

[46] 高升.综放区段异层双巷下位邻空碎裂煤巷围岩破坏机理及控制[D].徐州:中国矿业大学(北京),2021.

[47] HUANG W P,LIU S L,GAO M T,et al.Improvement of reinforcement performance and engineering application of small coal pillars arranged in double roadways[J].Sustainability,2022,15(1):292.

[48] YANG H Q,ZHANG N,HAN C L,et al.Stability control of deep coal roadway under the pressure relief effect of adjacent roadway with large deformation:a case study[J].Sustainability,2021,13(8):4412.

[49] XIE S R, WU X Y, CHEN D D, et al. Failure mechanism and control technology of thick and soft coal fully mechanized caving roadway under double gobs in close coal seams [J]. Shock and vibration, 2020, 2020:8846014.

[50] JIA H S,WANG L Y,FAN K,et al.Control technology of soft rock floor in mining roadway with coal pillar protection:a case study[J].Energies, 2019,12(15):3009.

[51] SUN Y T,BI R Y,SUN J B,et al.Stability of roadway along hard roof goaf by stress relief technique in deep mines:a theoretical,numerical and field study[J].Geomechanics and geophysics for geo-energy and geo-resources, 2022,8(2):45.

[52] FU Q, YANG K, HE X, et al. Destabilization mechanism and stability control of the surrounding rock in stope mining roadways below remaining coal pillars: a case study in Buertai coal mine [J]. Processes, 2022, 10(11):2192.

[53] LI X L,WEI S J,WANG J.Study on mine pressure behavior law of mining roadway passing concentrated coal pillar and goaf[J].Sustainability,2022, 14(20):13175.

[54] MA Q,ZHANG Y D,GAO L S,et al.The optimization of coal Pillars on return air sides and the reasonable horizon layout of roadway groups in highly gassy mines[J].Sustainability,2022,14(15):9417.

[55] LIU H, LI X L, GAO X, et al. Research on no coal pillar protection technology in a double lane with pre-set isolation wall[J].Geomechanics and engineering,2021,27(6):537-550.

[56] WANG Y J,HE M C,YANG J,et al.Case study on pressure-relief mining technology without advance tunneling and coal pillars in longwall mining [J].Tunnelling and underground space technology,2020,97:103236.

[57] 何满潮.无煤柱自成巷110工法关键技术与装备系统[M].徐州:中国矿业大学出版社,2018.

[58] 黄炳香.煤岩体水力致裂弱化的理论与应用研究[J].煤炭学报,2010,35(10):1765-1766.

[59] 陈勇,郝胜鹏,陈延涛,等.带有导向孔的浅孔爆破在留巷切顶卸压中的应用研究[J].采矿与安全工程学报,2015,32(2):253-259.

[60] 申斌学,周宏范,朱磊,等.深井复合顶板切顶卸压柔模墙支护沿空留巷技术[J].工矿自动化,2021,47(11):101-106.

[61] 朱珍.切顶成巷无煤柱开采围岩结构特征及其控制[D].北京:中国矿业大学(北京),2019.

[62] 王琼,郭志飚,欧阳振华,等.碎石粒径对切顶成巷碎石帮承载变形特性的影响[J].中国矿业大学学报,2022,51(1):100-106.

[63] 王高伟.小保当矿强动压巷道切顶卸压-强帮护顶协同控制技术研究[J].煤炭技术,2021,40(9):55-59.

[64] 马资敏.店坪矿中厚煤层切顶成巷覆岩运动特征及矿压规律研究[D].北京:中国矿业大学(北京),2019.

[65] CUI F,ZHANG T H,LAI X P,et al.Study on the evolution law of overburden breaking angle under repeated mining and the application of roof pressure relief[J].Energies,2019,12(23):4513.

[66] 陈宪伟,石媛,吕振.切顶条件下窄煤柱护巷围岩稳定性研究[J].煤炭与化工,2024,47(1):18-21.

[67] 韩秉呈,张昌锁,张晨,等.厚煤层双巷布置切顶卸压作用机制[J].太原理工大学学报,2024(4):1-11.

[68] 王猛,王襄禹,肖同强.深部巷道钻孔卸压机理及关键参数确定方法与应用[J].煤炭学报, 2017,42(5):1138-1145.

[69] 张逸群,王强,栗鹏飞.切顶卸压在小煤柱巷道中的应用研究[J].晋控科学技术,2023(3):35-39.

[70] 康红普,冯彦军.煤矿井下水力压裂技术及在围岩控制中的应用[J].煤炭科学技术,2017,45(1):1-9.

[71] ZHAI W,GUO Y C,MA X C,et al.Research on hydraulic fracturing pressure relief technology in the deep high-stress roadway for surrounding rock control[J].Advances in civil engineering,2021,4(5):51-53.

[72] LIU J W,LIU C Y,YAO Q L,et al.The position of hydraulic fracturing to initiate vertical fractures in hard hanging roof for stress relief[J].International journal of rock mechanics and mining sciences,2020,132:104328.

[73] 赵善坤.深孔顶板预裂爆破与定向水压致裂防冲适用性对比分析[J].采矿

与安全工程学报,2021,38(4):706-719.

[74] 王琦,张朋,蒋振华,等.深部高强锚注切顶自成巷方法与验证[J].煤炭学报,2021,46(2): 382-397.

[75] 郭志飚,王将,曹天培,等.薄煤层切顶卸压自动成巷关键参数研究[J].中国矿业大学学报,2016,45(5):879-885.

[76] 张长君,胡智星,马小卫,等.松软破碎厚顶煤小煤柱巷道围岩控制技术研究[J].煤炭技术,2024,43(4):23-27.

[77] 王卫军,韩森,董恩远.考虑支护作用的巷道围岩塑性区边界方程及应用[J].采矿与安全工程学报,2021,38(4):749-755.

[78] 郭建平.近距离煤层群开采上覆采空区巷道支护技术研究[J].采矿技术,2020,20(4):41-43.

[79] 朱珍,张科学,何满潮,等.无煤柱无掘巷开采自成巷道围岩结构控制及工程应用[J].煤炭学报,2018,43(增刊 1):52-60.

[80] ZHANG Y,XU H C,SONG P,et al.Stress evolution law of surrounding rock with gob-side entry retaining by roof cutting and pressure release in composite roof[J].Advances in materials science and engineering,2020,2020(1):4(5):51-53.

[81] ZHANG X Y,PAK R Y S,GAO Y B,et al.Field experiment on directional roof presplitting for pressure relief of retained roadways[J].International journal of rock mechanics and mining sciences,2020,134:104436.

[82] ZHANG X Y,HU J Z,XUE H J,et al.Innovative approach based on roof cutting by energy-gathering blasting for protecting roadways in coal mines[J].Tunnelling and underground space technology,2020,99:103387.

[83] ZHANG X Y, HE M C, YANG J, et al. An innovative non-pillar coal-mining technology with automatically formed entry: a case study[J].Engineering,2020,6(11):1315-1329.

[84] GAO R, YANG J X, KUANG T J, et al. Investigation on the ground pressure induced by hard roof fracturing at different layers during extra thick coal seam mining[J].Geofluids,2020,2020:8834235.

[85] LIU X Y,HE M C,WANG J,et al.Research on non-pillar coal mining for thick and hard conglomerate roof[J].Energies,2021,14(2):54-56.

[86] 王明山.中厚煤层小煤柱沿空掘巷“卸压-加固”围岩控制成套技术研究[J].中国矿业,2023,32(7):118-125.

[87] 李汉璞,张百胜,郭俊庆,等.两次采动影响下小煤柱巷道切顶卸压围岩控制技术[J].矿业安全与环保,2024(2):90-97.

[88] 张亮，李璋，党其.小煤柱巷道巷帮破碎机理及支护技术研究[J].山东煤炭科技，2023，41(3)：35-36.

[89] 钱鸣高，许家林，王家臣，等.矿山压力与岩层控制[M].3 版.徐州：中国矿业大学出版社，2021.

[90] 宋宇鹏，王涛.浅埋煤层沿空掘巷小煤柱留设宽度及支护技术研究[J].山东煤炭科技，2024，42(1)：37-40.

[91] 姚必成.深部大断面沿空巷道煤柱合理宽度与围岩控制技术研究[D].徐州：中国矿业大学，2022.

[92] 张百胜，王朋飞，崔守清，等.大采高小煤柱沿空掘巷切顶卸压围岩控制技术[J].煤炭学报，2021，46(7)：2254-2267.

[93] 康红普，王金华.煤巷锚杆支护理论与成套技术[M].北京：煤炭工业出版社，2007.